海峡出版发行集团 | 海峡书局

图书在版编目（CIP）数据

东南滨海水生动物鉴赏 / 张继灵编著 . — 福州：
海峡书局, 2023.7（2024.3 重印）

ISBN 978-7-5567-1023-2

Ⅰ. ①东… Ⅱ. ①张… Ⅲ. ①沿海 - 水生动物 - 福建 - 鉴赏
Ⅳ. ① Q958.8

中国版本图书馆 CIP 数据核字 (2022) 第 237824 号

---

出 版 人：林　彬
策 划 人：曲利明　李长青
编　　著：张继灵
责任编辑：林洁如　杨思敏　俞晓佳　陈　婧　陈洁蕾　陈　尽
营销编辑：邓凌艳
装帧设计：林晓莉　李　晔　黄舒堉　董玲芝
手　　绘：林晓莉　江　旭
校　　对：卢佳颖

DŌNGNÁN BĪNHǍI SHUǏSHĒNG DÒNGWÙ JIÀNSHǍNG
东南滨海水生动物鉴赏

出版发行：海峡书局
地　　址：福州市台江区白马中路 15 号
邮　　编：350004
印　　刷：雅昌文化（集团）有限公司
开　　本：889 毫米 ×1194 毫米　1/16
印　　张：19
图　　文：304 码
版　　次：2023 年 7 月第 1 版
印　　次：2024 年 3 月第 2 次印刷
书　　号：ISBN 978-7-5567-1023-2
定　　价：118.00 元

# 序 PERFACE

赶海，本是沿海渔民用以维持生计兼顾为家人改善伙食的常规生产方式。同时，赶海也是现代生物专业学生的必修课程，能帮助学生们亲自参与、眼见为实地了解地球物理、潮汐、潮间带生物群落等专业知识。对爱好者们来说，赶海则是一次充满了未知惊喜之旅。近年来，随着赶海视频的爆火，吸引了越来越多的普通人关注甚至加入其中，这也就出现了一系列的新情况。

多数出于尝鲜目的参与的游人到了现场发现真实赶海收获寥寥，进而痛骂博主造假无良，悻然而归。事实上真实赶海的收获相当有限完全看天吃饭，堪比开盲盒买彩票，哪有那么容易盆满钵满。未经专业规划的赶海行程甚至还存在不小的安全隐患，如不注意潮水导致涨潮被困也常有报道。这些都是得不偿失，需要引起所有人的重视。

对于那些有心理预期、注意安全且充满求知欲的亲身赶海的朋友们，新问题又来啦：我找到的究竟是什么？我很希望知道！但翻书搜图都一头雾水，甚至网络提问也难得到可靠的回应，这也大大降低了赶海的科学乐趣。原因在于大海里的物种过于丰富，随便一片海域，就可能蕴藏着数百种生物，不同区域更是差异巨大，而一次赶海所看到捡到的生物，翻阅几十本厚重的专业书籍都未必能得到靠谱的答案，太过不易。

热爱海洋探索的朋友们，如果你身处闽东抑或是东南沿海，你的终极福利来啦。拥有这本书，你的体验将完全不同。本书作者是福州连江人，连江地处闽江河口，东濒台湾海峡，海域面积足足有 3112.02 平方千米，是福建水产第一大县，还是鼎鼎大名的海带之乡、鲍鱼之乡，这里水生动物资源极其丰富。作者入迷海洋生物拍摄后，工作之余，但凡潮位合适，就在连江各地的沙滩、泥涂、礁岩区进行探索采集拍摄，留下了大量珍贵的科学记录与影像资料。通过反复查证及请教各领域生物专家，逐一把这些物种确定下来，最终整理成书出版，分享给更多专业学生、爱好者甚至普通参与者学习交流。这也是中国第一本全方面记录东南沿海潮间带动物的高清影像图鉴，意义非凡！

文末必须提一嘴，虽然有了这样全面的沿海生物图鉴可以为赶海参与者答疑解惑，我依然希望大家在确保安全参与活动的同时，可以增强海洋保护意识，带去赶海的垃圾不要遗留在海边，无法妥善安置的海洋生物尽量拍照留念后放归大海，让我们的探索之旅有一个圆满的结果。最后祝愿读者朋友们，赶海收获满满。

周卓诚<br>中国渔业协会原生水生物及水域生态专业委员会副主任

目录 CONTENTS

# 淘海拾错

如何寻找滨海水生动物

# WHAT IS YOUR IMPRESSION OF THE SEA

你对海的印象是怎样的？

浪漫的游客想着柔软的沙滩、碧蓝的海面，层层叠叠的浪花拍打着脚丫……

勤劳的渔民想着泥泞的滩涂、漆黑的海面，翻腾的海浪撞击着船舷……

对于从小在海边长大的我而言，星光闪闪的海面下蕴藏着我憧憬的另一个世界……

海里都有些什么？

沙滩上的贝壳、菜市场的海鲜或许是海边游客最为热衷的收获。

礁石上的螺贝、沙底的沙虫及水中游的鱼虾蟹是渔民赖以生存的渔获。

岩石缝里躲藏的螃蟹、石块下压着的海蛇尾、积水坑里盛开的光缨虫、鱼网上挂着的海百合……都是我心心念念的神奇物种。兴趣使然，于是拿起相机开始记录这些光怪陆离的海洋生物。

我出生在一个海湾小镇，和大海的渊源可以追溯到很小的时候。打记事起，家里就是各种海鲜玩具：乌贼内壳做的小船，在骨针上插入一小块肥皂放在水里，“船”缓慢摇摆；螃蟹钳做的獠牙指套，是吓唬伙伴的道具；形形色色的贝壳是过家家游戏里的不可或缺的“餐具”……

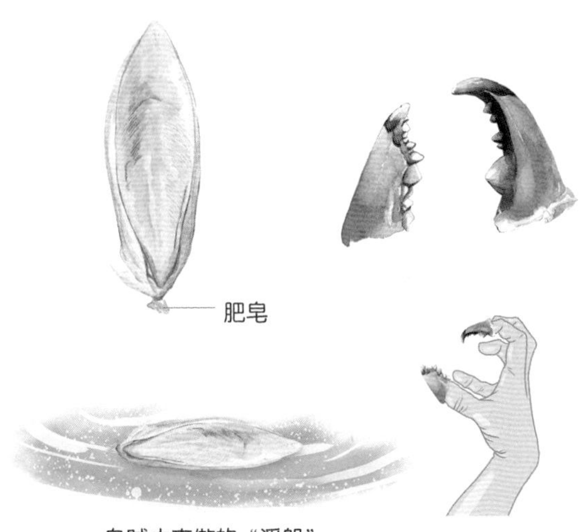


乌贼内壳做的“浮船”　　蟹钳做的“魔爪”

父亲经常从菜市场买海鲜“一盆端”回来，里面总能混杂着一些奇怪的生物：满脸胡子的鱼、长大钳子的虾、跟蜘蛛一样的螃蟹……好奇心使然，没事的时候，我就一个人跑到菜市场去观察，可以说充满烟火气的菜市场打开了我对海洋物种最初的认知。

贝壳做的“餐具”

《《《《《《《《

## 淘市场

我所生活的县城是一个海产大县，这里菜市场的海鲜种类繁多，鱼虾蟹是最常见的，海参海胆海葵也是摊位上必不可少的。虽然菜市场的上百种海鲜是被人们的味蕾筛选过的经济类水产，种类相对固定，但运气好的话，在摊位的边角处能发现一些被摊主舍弃的“没用”的物种，比如混在螺里面的寄居蟹。这时，你说几句好话就能将这些物种收入囊中。

沿海乡镇码头附近的鱼市，带来的惊喜会更多。这类鱼市的海货都是当地渔民在附近海域捕捞到的小海鲜，由于离水时间短，它们大部分都还活蹦乱跳的。渔民将它们摆放在不同的盆子里，打着氧气供顾客挑选。这时候，我最喜欢拨开水面上的气泡，寻找藏身于大鱼身体底下的一些小生物。跟摊主熟络之后甚至不需要亲自扒拉水盆，他们懂你想要什么，很自然地帮你捞出你想要的东西，顺口来一句“送你”。自然是要象征性支付一些费用，一来不能白拿，二来也希望他们能更有心地帮忙留意那些我想寻找的物种。就这样，记录到的物种越来越多……

显然，上岸的物种只占海洋生物很小的一部分，想要继续挖掘更多的海洋神奇物种，就要到离大海更近的地方去。

## 赶海

刚赶海那会儿，无外乎挖沙刨泥翻石头，但是这些粗暴的动作对寻找物种并没有太多帮助，某种程度上也破坏了它们的栖息环境。其实只要认真观察掌握物种习性之后就可以有针对性地寻找一些物种。

在泥沙质和沙泥质的滩地上，底栖动物种类较多。虾蛄通常穴居于此，贝类则藏在较浅处，豆齿鳗也会利用现成的洞穴作为掩蔽场所。这些物种通常会在滩地表面留下痕迹，稍加寻找便能找到其藏身之所。海葵、海兔都是光明正大在你眼前“躺平”，招潮蟹、弹涂鱼在确定与你保持安全距离后都纷纷出洞“显摆”，还会有偶遇的日本蟳向你“示威”。

在礁石表面生存着诸多动物，各种螺贝及海葵通常占优势。礁石中间由于潮汐退涨

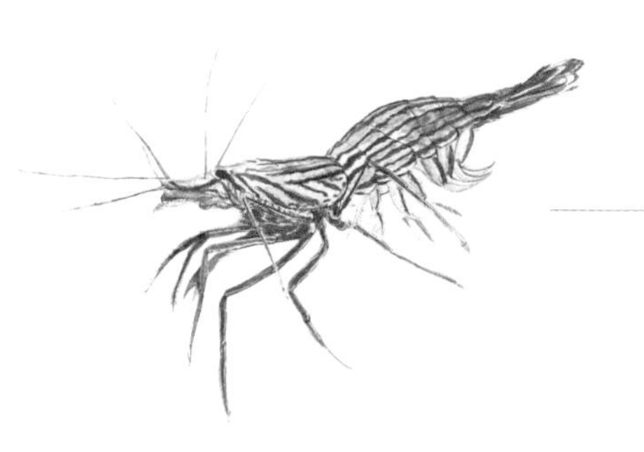

存留的小水洼为幼鱼及各种小虾提供了栖息空间，礁石的空隙和裂缝中通常固着贻贝、龟足和藤壶，还能找到躲藏的螃蟹。

如今赶海成了我生活中必不可少的活动，也给我带来很多快乐。大海的每一次潮起潮落，都会留下不一样的东西，这些说不上名字的小生物引领着我遨游海洋，想要有更多收获，也让我想着继续寻找海流，追赶鱼群。

## 甲板拾鱼

出海捕鱼是渔民们的日常，涨潮时将船驶出渔港，待到满潮时驶回。我也开始跟着渔民的脚步走向更远的外海……拖网船收网后的甲板上满是渔获，虾跳蟹爬鱼蹦跶。手忙脚乱捡拾着渔民们不需要的渔获，海星、寄居蟹、奇形怪状的螃蟹都是他们眼里卖不上价的商品，对我来说却如获至宝。

深夜的大海是繁忙的，漆黑的海面被捕枪乌贼的船照亮。许多海洋生物都有趋光性，灯诱鱿鱼就是利用这特性。同样，强光也引来群群小鱼，这些鱼群又引来捕食者，在灯光照亮的水下舞台上你追我赶。借着灯光，你还可以观察到许多路过的物种，上下游动的水母、瞪着双眼的梭子蟹、滑翔的飞鱼……奈何手中抄网长度不够，只能目送它们远去。等待了一段时间，起网的时间到了，渔民的目标明确，那些跟随鱿鱼一起捞上来烟管鱼、鱵鱼、鳀鱼、河豚……都是渔民嫌弃的渔获。我“不怀好意”地拿着抄网在拉网里选择性地捞起目标鱼种，满心欢喜地抚摸着难得一见的活带鱼。

出海时的风浪再大，也是海洋的一部分，每一次收获，都是馈赠，每一次出海回来，都让我和海洋有了更深的连接。随着对物种的认知越来越深入，发现一些神奇物种其实都在容易被我们忽略的地方，只要留心寻找发现，它们无处不在。

《《《《《《《《

## 码头拾错

在码头，渔民们围着分拣台按个头大小分拣着鲍鱼。这些鲍鱼都是在海底沉箱养殖，时间一长，海底的一些底栖生物也慢慢地把鲍鱼笼当作栖身之所，跟随着笼子被打捞上岸。在分拣台上云鳚、粒螯乙鼓虾、黑斑活额虾……都跟着鲍鱼倾倒下来。时常也会看见一些海兔，它们都是被鲍鱼的饲料龙须菜所吸引进去的。时间久了，你提着桶围着分拣台转，一些大姐就有默契地往你桶里丢你想要的东西。

码头旁的大棚里，海蛎堆积如山。在撬海蛎的大姐旁边守着，时不时也会有一些收获，斑头肩鳃鳚、瓷蟹、鼓虾都爱栖身于海蛎壳中。这些海蛎在海中挂绳养殖，海蛎壳也自然而然地成为一些生物的住所。只要笑脸讨要，她们也很愿意把这些附属品送你，打趣地说你“小孩”。

无论是菜市场、鱼市、赶海、出海……我所记录的这些海洋生物绝大部分都是属于东南滨海的。生活在这里的水生动物虽然没鲨鱼、蓝鲸和美丽的珊瑚礁来得那么绚丽多彩，但是它们与我们的关系最为密切。这些物种不仅是餐桌上的小海鲜，可以烹饪、充满美味，在滨海的生态系统中，这些“小海鲜”还默默充当着基石的角色，是不可或缺的分解者和消费者，对整个海洋生态系统起着至关重要的作用。

# 分类识辨

简要介绍滨海水生动物

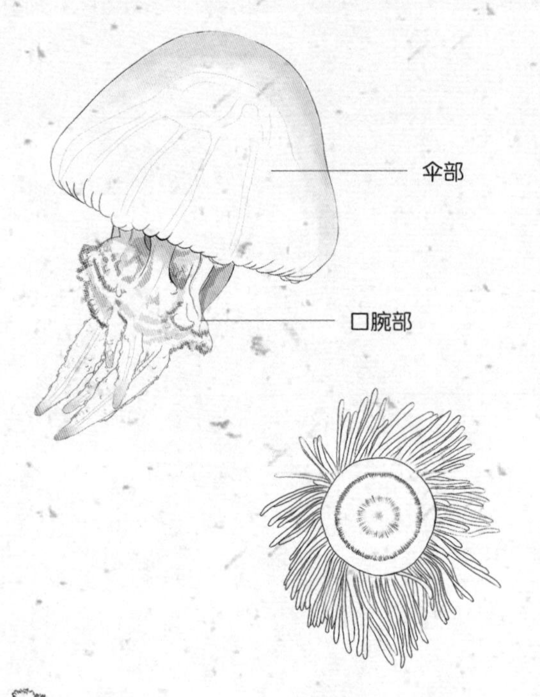


## 水母

水母个体多数较大，身体的主要成分是水，主要由伞部和口腕部 2 个部分构成，伞部的形状及颜色多样。主要营浮游生活，通过收缩外壳挤压内腔的方式改变内腔体积、喷出腔内的水以推进移动。肉食性，以浮游生物、甲壳类、多毛类及鱼类为食。»»» 24 页

银币水母并非水母，它们是由许多细小的水螅聚集而成，属于浮游性水螅。»»» 25 页

银币水母，具毒性

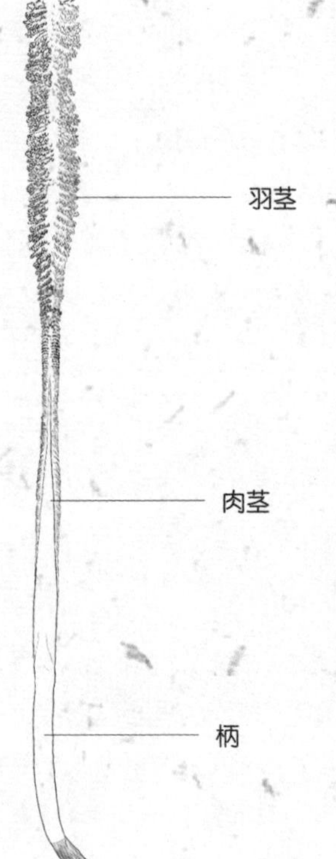


## 海鳃

为群体生活的动物，形似羽毛、棍棒及扇状等。其并不是“一只”海鳃，而是由成千上万水螅体组成的。上部羽茎有水螅体，或分支而生数个水螅体。中央部分叫肉茎，由初级水螅体构成，在肉茎上再生长着次级水螅体。下部是柄，埋藏于泥沙中以固定。次级水螅体长着触手、像花一样，而初级水螅体没有触手、像一根棍棒。水螅体的身体内部有一条管道，以便彼此互相连通。靠着这些管道的进水和排水，海鳃就能涨大或缩小。受外界刺激时多数海鳃种类能发光。»»» 32 页

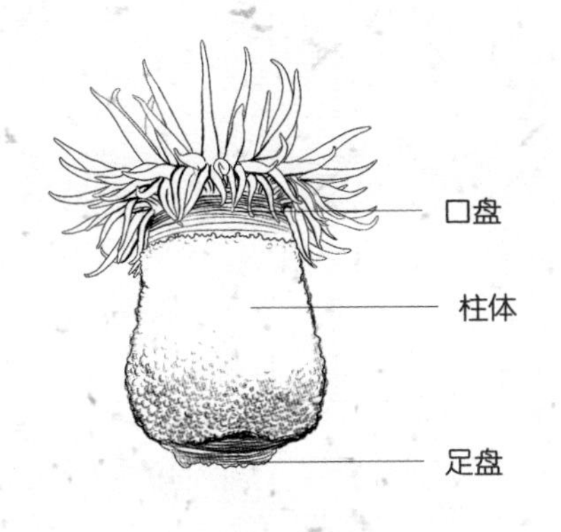


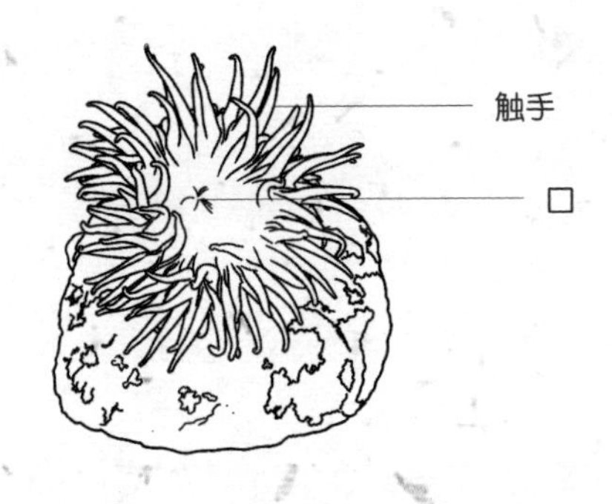


海葵

沿海最常见的无脊椎动物之一，终生处于水螅型。体一般为中空的圆柱体，柱体体壁由薄而透明转变为厚而不透明甚至呈皮革状的鞘组成。当体壁薄时可以明显地看到体内的隔膜系。体上下两端均呈盘状：上端为口盘，口位于口盘中央，围绕口盘边缘的是一圈中空的管状触手；下端为足盘，是固着器，也是运动工具。足盘能分泌黏液，由于黏液和肌肉的作用，海葵可固着在浅水的岩石、木桩或贝壳、蟹螯上。海葵运动缓慢，靠足盘的滑动向前移动。有的海葵则是靠触手进行运动，对一些刺激能采取收缩与伸展的反应运动。肉食性，靠触手碰撞或靠刺细胞麻醉粘住所能抓住的食物。»»» 25 页

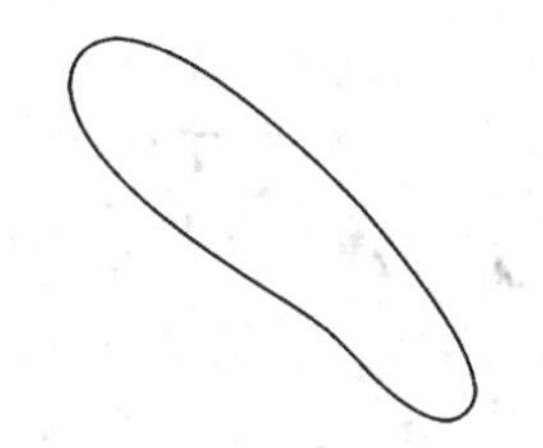

涡虫

涡虫身体柔软，树叶形，背腹扁平，腹面密生纤毛，爬行在潮湿岩石表面。以蠕虫、甲壳类等为食，吸住食物后，先由肠分泌消化液，使之溶为液状物，再吸入肠内进行消化。»»» 36 页

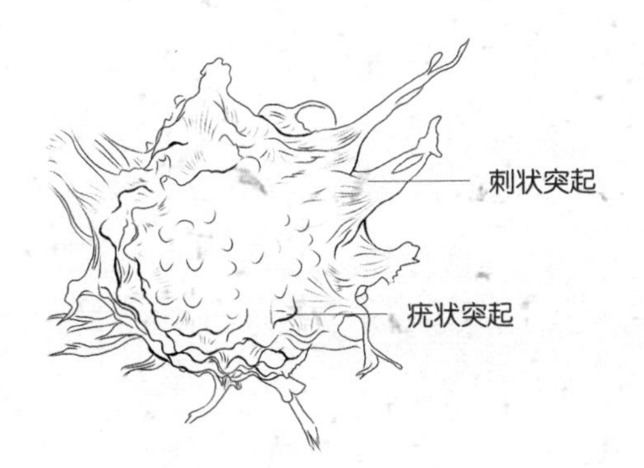


海绵

海绵是结构最简单的多细胞动物，主要成分是碳酸钙或碳酸硅以及大量的胶原质。只能附着固定在海底的礁石上或寄生在甲壳类动物身上，从流过身边的海水中获取食物。布满全身的小孔过滤着流动的海水，吸收着所需的养料。»»» 37 页

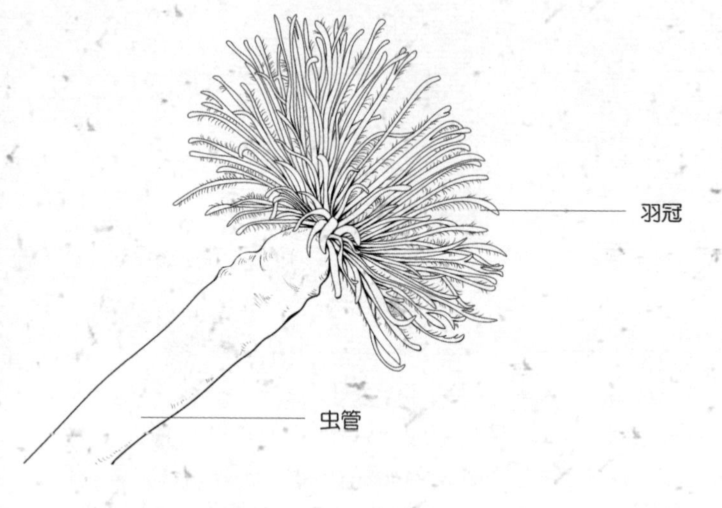


## 缨鳃虫

吸附在潮间带礁石隙缝中或海底。常把身体藏在虫管内，虫管由产自其体内的黏胶和水中的悬浮颗粒混合而成。羽毛状的口器在水中展开以捕获水中的有机物质，对水流和光线十分敏感，一有动静就缩入虫管中躲避。»»» 43 页

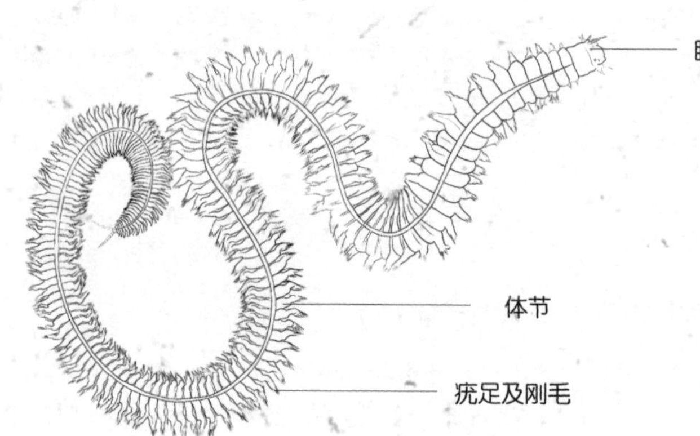


## 沙蚕

沙蚕多分布于潮间带，亦见于深海。身体分节明显，体节两侧突出为具有刚毛的疣足，疣足多为双叶型，具有游泳和爬行功能。整体由头部、躯干部和尾部 3 个部分组成。»»» 41 页

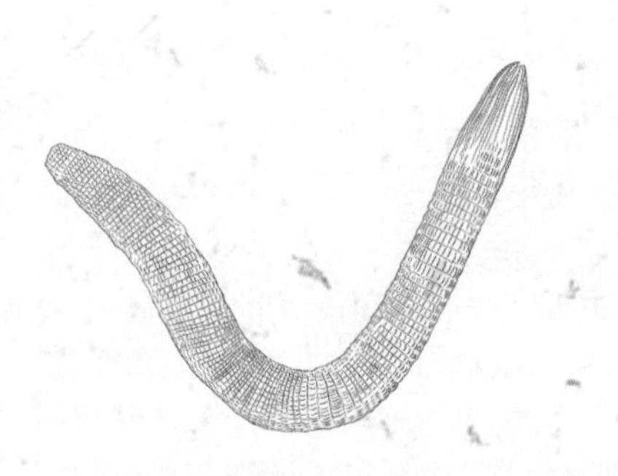


## 沙虫

沙虫，一般指方格星虫，生活在沿海滩涂一带沙泥底质的海域，涨潮时钻出，退潮时潜伏在沙泥洞中，以吞食沙粒等为生。沙虫与沙蚕不同，身体没有分节，结构简单，肌肉较发达，伸缩自如。»»» 46 页

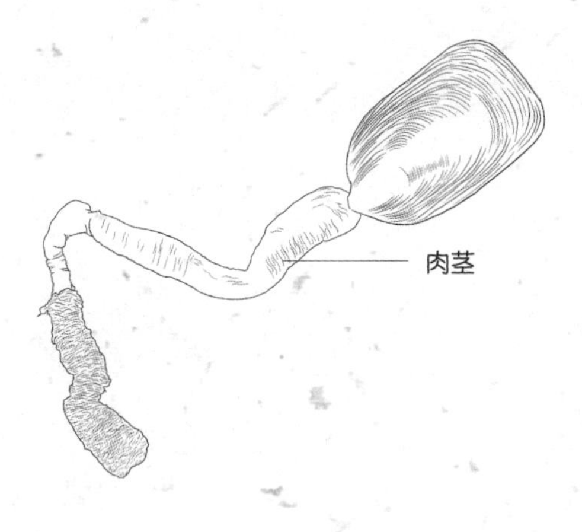


## 海豆芽

海豆芽又称舌形贝，穴居于潮间带细沙质或泥沙质海底。分壳体及肉茎 2 个部分。壳舌形，后缘尖缩，前缘平直。肉茎圆柱形，由壳后端伸出。肉茎收缩能力强，借肌肉收缩挖掘泥沙，在洞穴里自由伸缩。»»» 47 页

## 苔藓虫

苔藓虫是由大量的苔藓虫组成的群体动物，有枝状、网状、片状、半球状等各种形状，外形像苔藓植物，但具一套完整的消化器，包括口、食道、胃、肠和肛门等。体外分泌一层胶质，形成群体的骨骼，固着在各种石质海底、滚动的卵石或死亡后的动物壳体之上。»»» 49 页

## 海参

海参多为圆筒状，用管足在沙质海底缓慢移动。滤食性，利用发达的触手，把沙拨入口中，消化沙中的藻类及有机碎屑后将沙排出体外。海参的再生力很强，在遇敌害或处于不良环境时会出现排脏现象，身体强力收缩，压迫内脏从肛门排出。内脏排出后能再生新的内脏。»»» 56 页

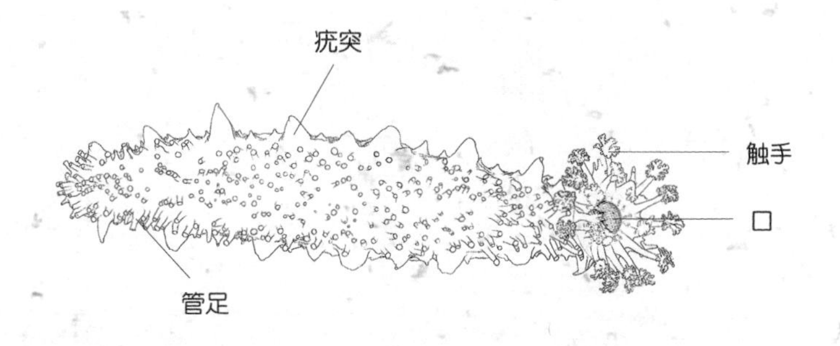

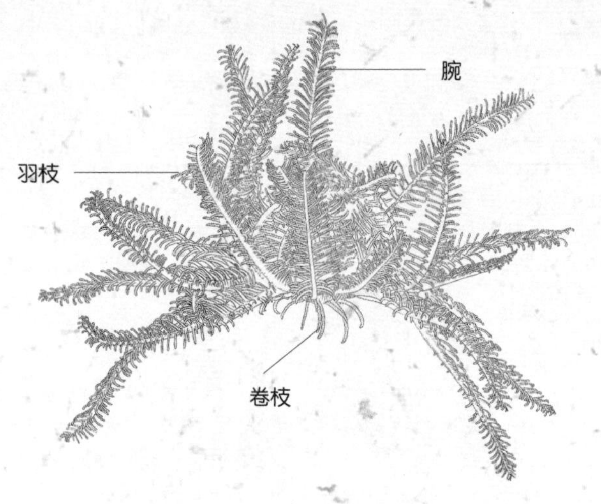


## 海百合

海百合是种古老的棘皮动物，在海底像株散开着枝叶的植物。身体有个像植物茎一样的柄，柄上端具羽状的腕。海百合用卷枝固定在海底生活，并能缓慢移动，有的海百合可在海里自由行动，“翩翩起舞”。海百合是滤食动物，捕食时将腕高高举起，浮游生物被羽枝捕捉后送入口。»»» 51 页

## 海胆

海胆常呈球形、盘形或心脏形，内骨骼互相愈合，形成一个坚固的壳。浑身带刺（棘），通过棘及管足系统的配合，爬行于岩质海底或沙质海底。有些海胆会利用管足吸附碎贝壳及藻类将自己伪装起来。»»» 58 页

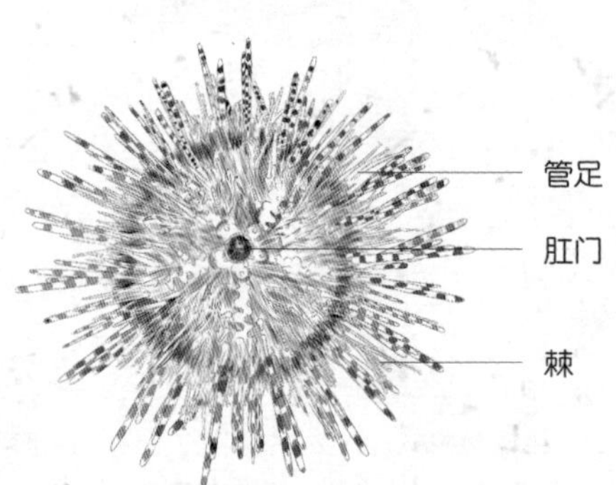


## 海星

海星多呈星形，身体由许多钙质骨板通过结缔组织结合而成，体表有突出的棘、瘤或疣等附属物。通常有 5 个腕，腕下密集管足。管足既能捕获猎物，又能在海底爬行。海星的嘴在其身体下侧中央，捕食时爬上猎物，用管足吸住猎物，翻出胃往猎物身上分泌消化酶，用胃包住猎物将其吞入口中。»»» 60 页

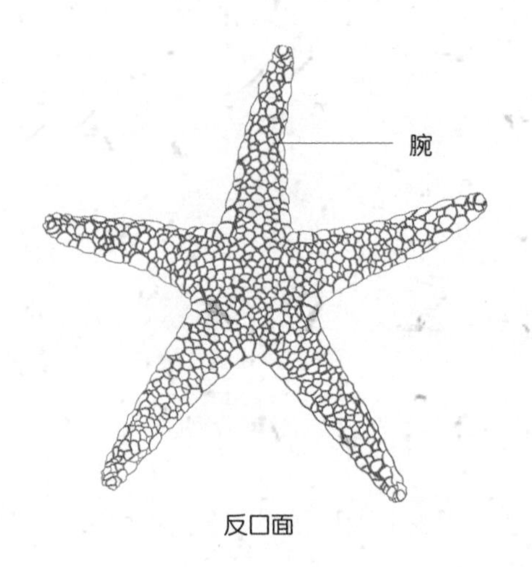


反口面

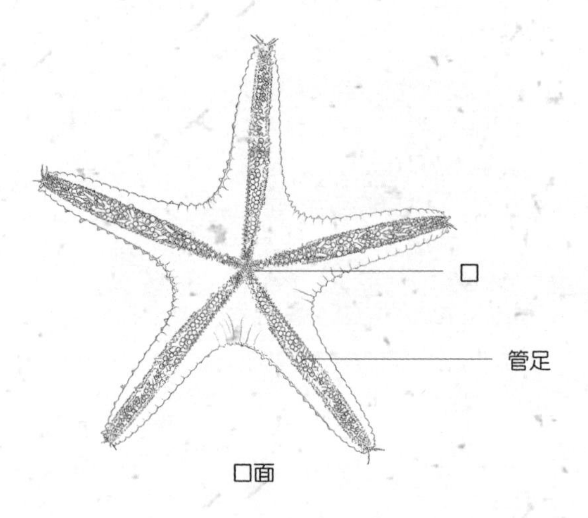


口面

海蛇尾

海蛇尾，即蛇尾纲物种，是棘皮动物中种类最多的一类。外形与海星很相似，体盘较小，腕相对海星更加细长且容易弯曲。在海底弯曲蠕动爬行，动作灵敏，是速度最快的棘皮动物。大多穴居于沙底、泥底、泥沙底或附着于其他动物上。腕足会因外界干扰而自断，断裂的腕足能再生。»»» 65 页

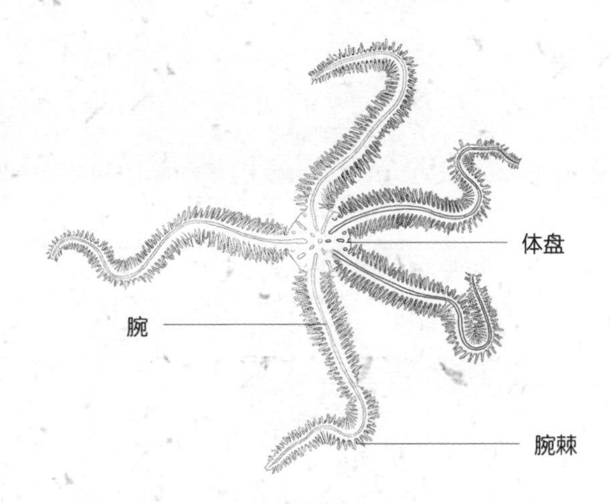


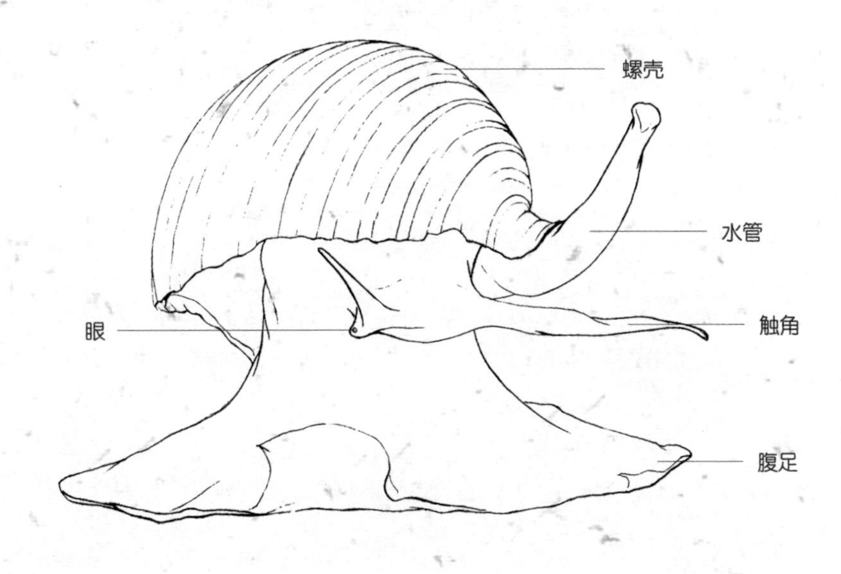


螺

螺一般指有封闭的壳、可以将软体部分完全缩入壳的腹足纲动物。壳一般呈锥形、纺锤形或椭圆形，上有旋纹。身体能分泌黏液，帮助其附着于光滑的岩石表面，通过腹足收缩移动爬行。»»» 68 页

## 海蛞蝓

海蛞蝓，即海兔、海牛，是软体动物门腹足纲里的特殊成员，种类繁多且身体构造差异极大。看起来像一种无壳蜗牛，身上的贝壳和呼吸鳃退化或消失。一些海蛞蝓在遇敌害时，能放出紫红色液体，将周围的海水染成紫色，以逃避敌害。海蛞蝓是雌雄同体动物，但只能异体繁殖。»»» 84 页

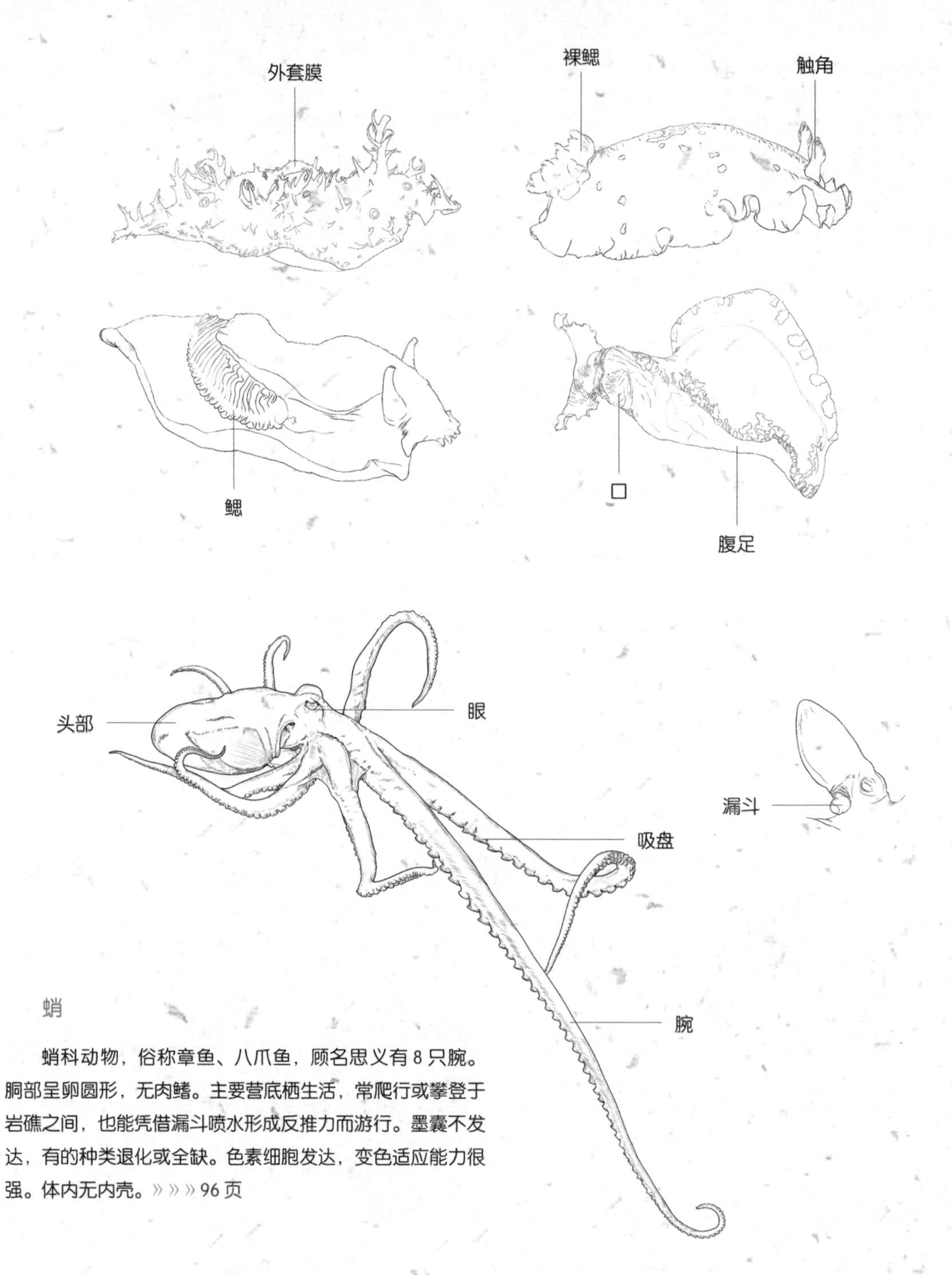


## 蛸

蛸科动物，俗称章鱼、八爪鱼，顾名思义有 8 只腕。胴部呈卵圆形，无肉鳍。主要营底栖生活，常爬行或攀登于岩礁之间，也能凭借漏斗喷水形成反推力而游行。墨囊不发达，有的种类退化或全缺。色素细胞发达，变色适应能力很强。体内无内壳。»»» 96 页

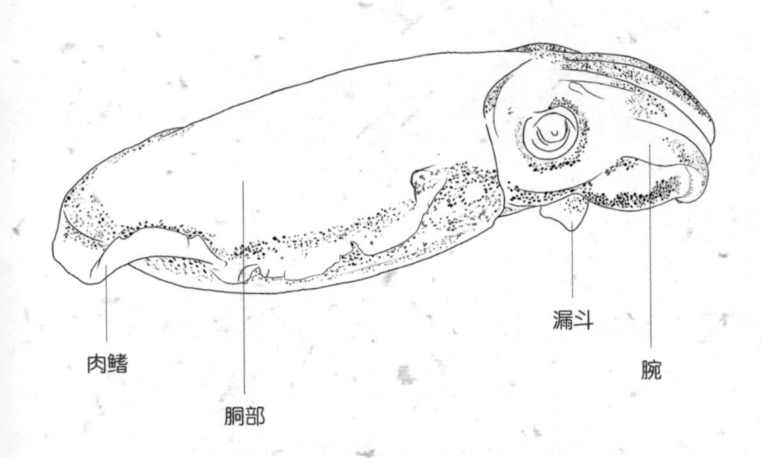


## 乌贼

乌贼科动物，俗称墨鱼。遇到敌害时会以“喷墨”作为逃生的方法并伺机离开。胴部椭圆形，身体的两侧有肉鳍。共有10条腕，有8条短腕，还有两条长触腕以供捕食用。其皮肤中有色素小囊，会随环境的变化而改变颜色和大小。体内具石灰质内壳。》》》105页

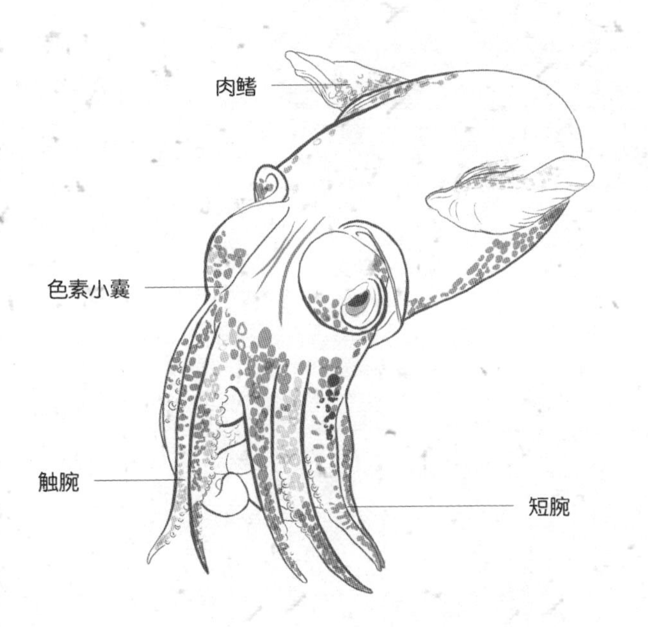


## 耳乌贼

耳乌贼跟乌贼的关系比较密切。与乌贼比较，耳乌贼的身体比较圆，而且没有内壳，体型也较小。部分耳乌贼有发光能力。》》》104页

## 枪乌贼

枪乌贼科动物，俗称鱿鱼。胴部通常呈圆锥形，尾端具三角的形状的肉鳍。共有10条腕。体内具几丁质内壳，薄而透明。》》》105页

## 瓷蟹

瓷蟹非蟹，瓷蟹与真正的蟹最大区别在于：它们只有 3 对步足，螯足没有腕节。瓷蟹很小，较为脆弱，为逃避掠食者，常躲藏在石缝间。当受到威胁时，会自断肢体分散捕食者的注意力。腹部很长、有褶皱，在水中瓷蟹可以鼓动腹部进行“游泳”。瓷蟹的大螯不能用来捕食，捕食主要靠羽状口器，伸出口器迎着潮水过滤水中的有机颗粒。》》》116 页

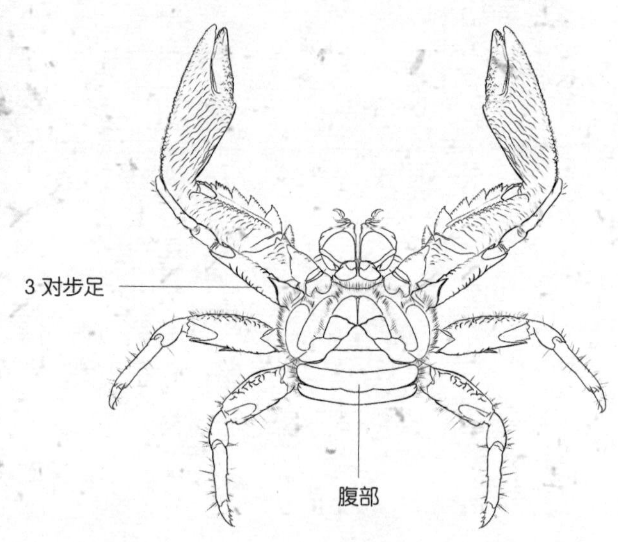


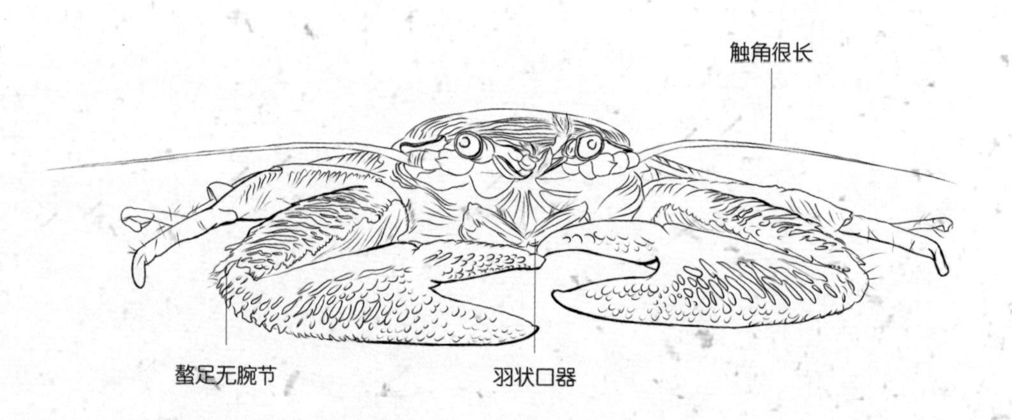

## 虾蛄

虾蛄多数栖息于近岸水域泥沙质海底，通常在海底掘穴，少数在石砾间生活。肉食性，多捕食底栖小型无脊椎动物，还能以其他甲壳类和小鱼等活动能力较弱的水生动物为食。主要通过捕肢捕食和御敌，捕肢分镰刀状及锤头状。捕肢指节有数个尖齿，可与掌节的边缘凹槽部分吻合，两者收合夹击猎物。尾肢不仅能用来掘穴，遇到敌害时还可配合腹节的快速翻动、用尾肢的刺击退敌害。»»» 110 页

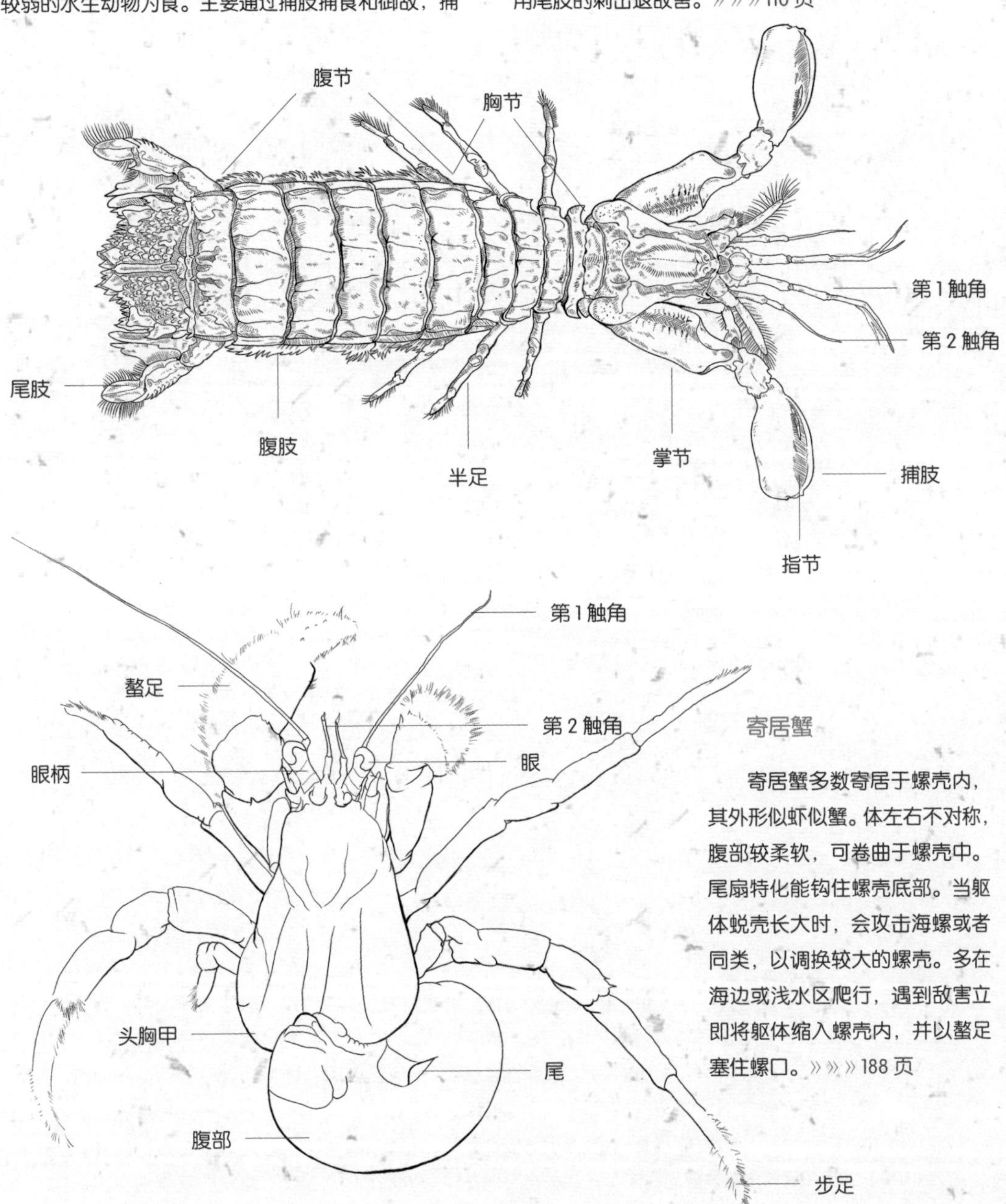


## 寄居蟹

寄居蟹多数寄居于螺壳内，其外形似虾似蟹。体左右不对称，腹部较柔软，可卷曲于螺壳中。尾扇特化能钩住螺壳底部。当躯体蜕壳长大时，会攻击海螺或者同类，以调换较大的螺壳。多在海边或浅水区爬行，遇到敌害立即将躯体缩入螺壳内，并以螯足塞住螺口。»»» 188 页

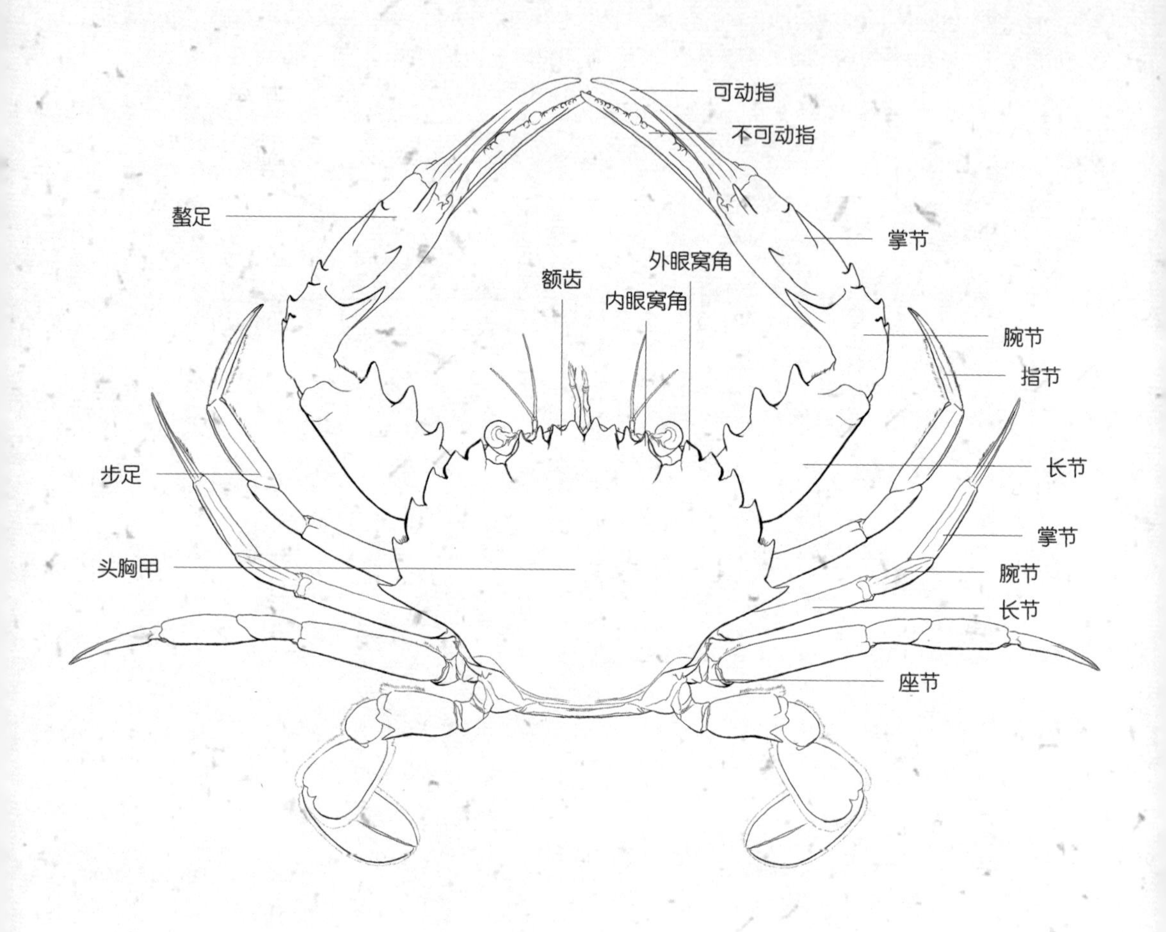


## 蟹

蟹类属软甲纲十足目的甲壳类动物。绝大部分分布于海洋，且以沿海为多。蟹的食性很杂，但以肉食为主，活动能力弱的动物都是它们的捕食对象，甚至还会同类相残。蟹的螯足和口器可互相配合，对食物进行撕裂。蟹类每次蜕皮之后体型增大。在进化过程中，蟹类具有多种自我保护能力：螯足不仅是捕食的工具，也是自卫和格斗的武器；甲壳上长着硬刺，可威慑捕食者；对体表进行伪装与外界环境混为一体；与其他生物共生保护自己；更有一种死里逃生的手段，在足的基节与座节之间具一个特殊的割裂点，在遇见敌害时能让肢体从此点上脱离。肢体自断后，经过几次蜕壳后能再生。»»» 120 页

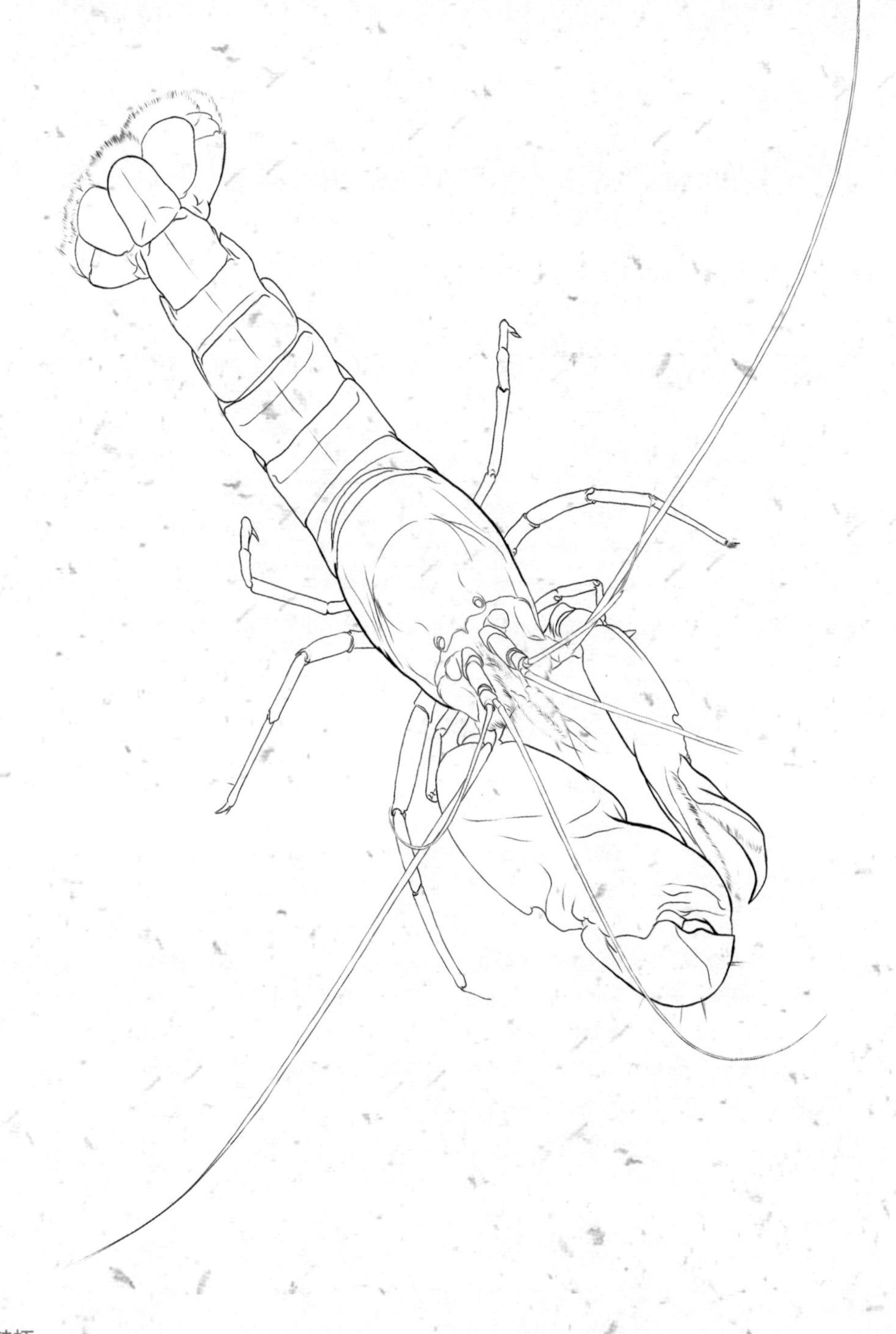

鼓虾

鼓虾穴居在潮间带及浅海海底石头下的沙砾或泥沙中。用特化的大螯足可动指瞬间弹动，从而产生高压，让海水因高压而发生汽化，随后这些气泡连带海水高速喷射出去，并发出气泡爆裂声。弹出的高压水柱射程很短，但却足以震晕一些小型猎物。»»» 180 页

## 龙虾

龙虾是节肢动物门十足目无螯下目龙虾科物种的通称，外形与螯虾下目中的螯虾相似。螯虾具螯足（大钳子），龙虾没有螯足，且没有螯虾那般好斗。躲避敌害时龙虾基本靠一躲二逃：白天大都躲藏在岩礁的缝隙洞穴里，察觉危险时，则迅速收缩身体往后面窜。»»» 170 页

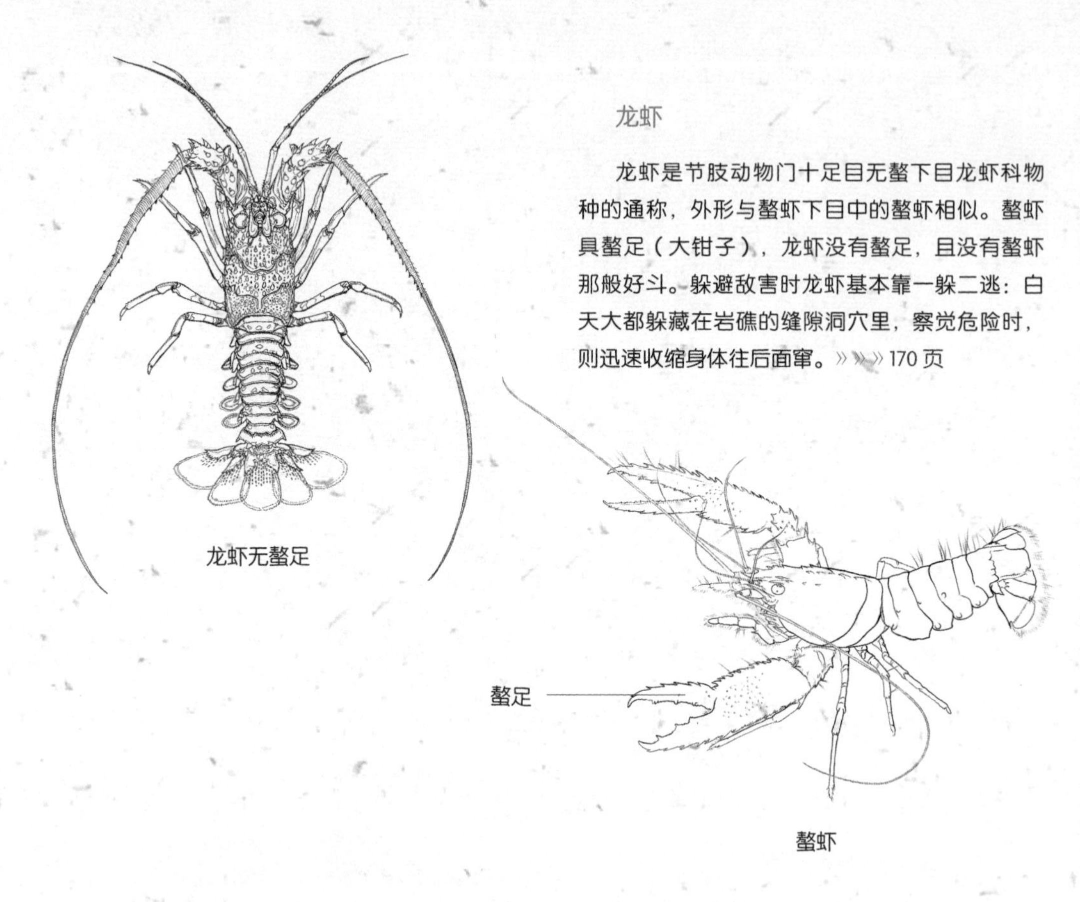


龙虾无螯足

螯虾

## 文昌鱼（二级国家重点保护野生动物）

文昌鱼非鱼，是无脊椎动物进化至脊椎动物的过渡类型。形似小鱼，侧扁、无头，两端尖细。体半透明，由单层柱形细胞的表皮和冻胶状结缔组织的真皮2个部分构成，表皮外覆有1层角皮层。脊索贯穿全身，文昌鱼以藻类为生，靠轮器和咽部纤毛的摆动，使水流经口入咽，藻类被滤下留在咽内，而水则通过咽壁的鳃裂至围鳃腔，然后从出水孔被排出体外。是研究脊索动物演化和系统发育的优良科学实验材料，具重要科学价值。»»» 197 页

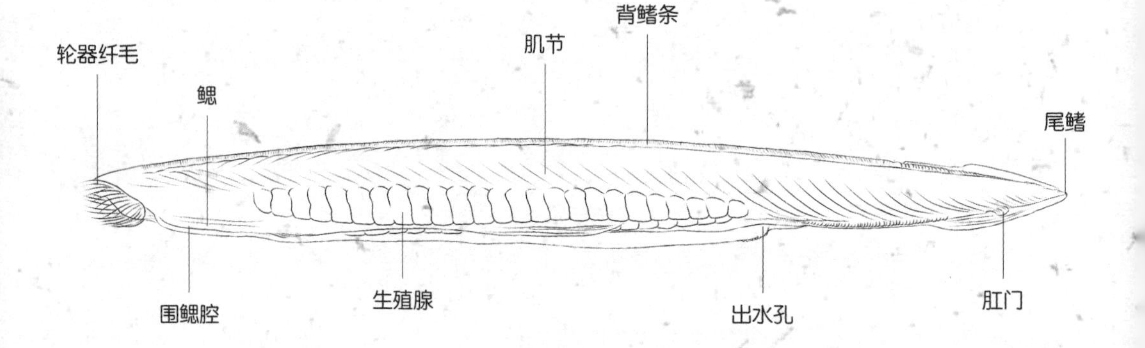

鱼

鱼是最古老的脊椎动物，终生在水中生活，主要用鳃呼吸。形态及习性多样。

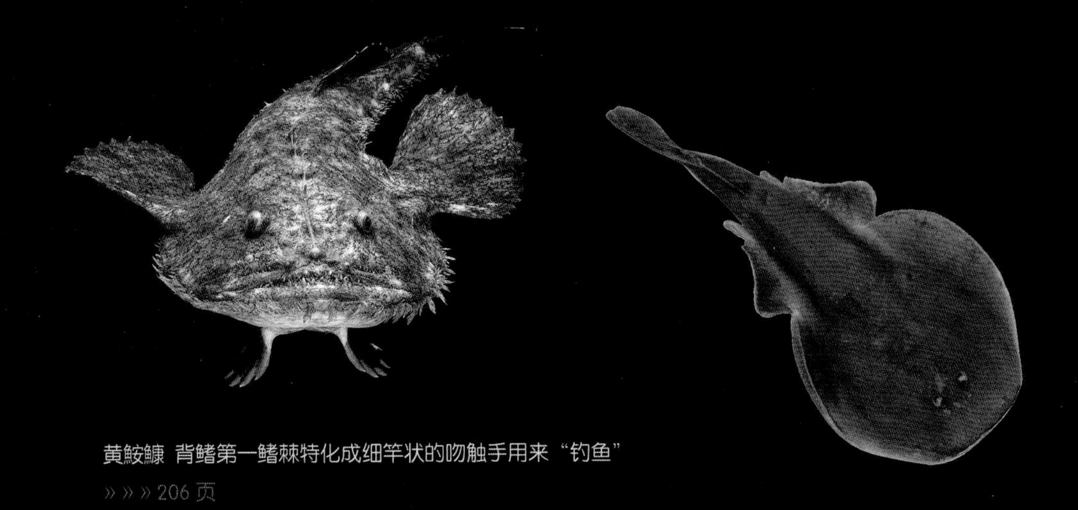

黄鮟鱇 背鳍第一鳍棘特化成细竿状的吻触手用来“钓鱼”

»»» 206 页

日本单鳍电鳐 体内具发电器能放电

»»» 202 页

松球鱼 体被骨板状大型鳞，像穿了一层坚硬的铠甲

»»» 214 页

棱须蓑鲉 展开的宽大胸鳍犹如一对翅膀

»»» 290 页

犬齿背眼虾虎鱼 依靠发达的胸鳍在泥滩上“跳高”

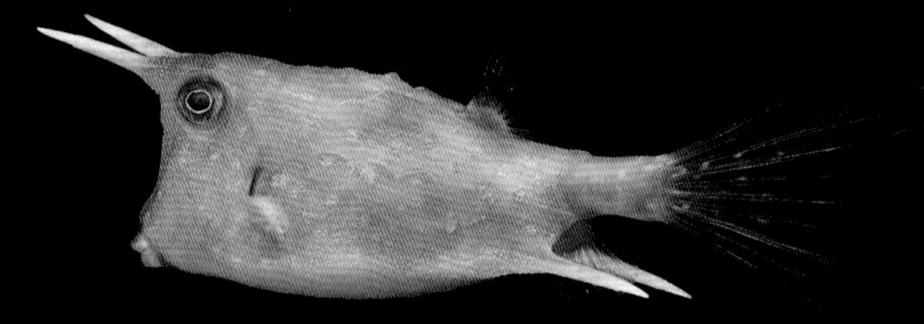

角箱鲀 眼眶前方长着一对像“牛角”的长棘

» » » 284 页

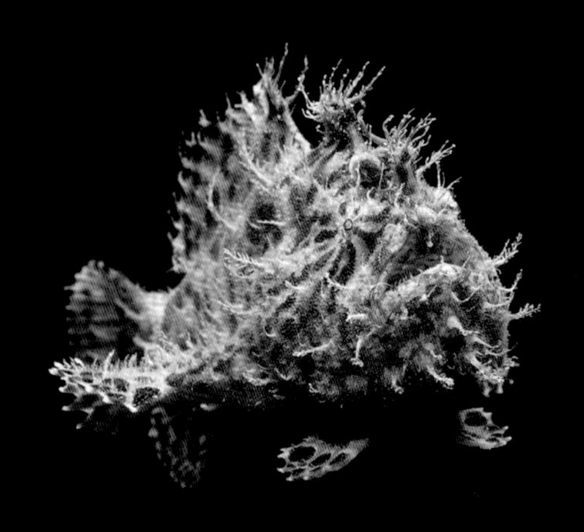

带纹躄鱼 胸鳍特化成假臂状，与腹鳍尾鳍组成“五条腿”在海底匍匐爬行

» » » 205 页

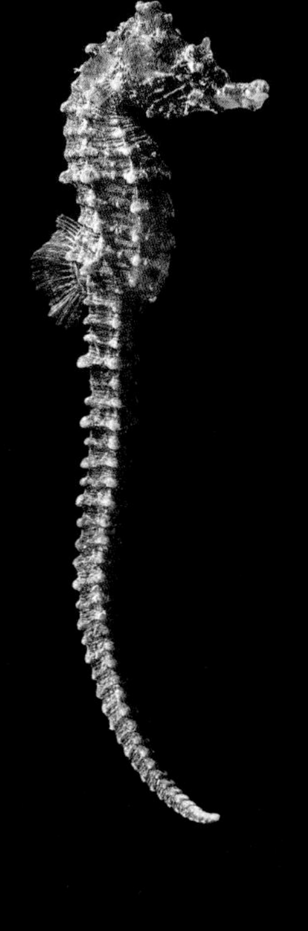

日本海马 长着孵卵袋，负责“带娃”

» » » 211 页

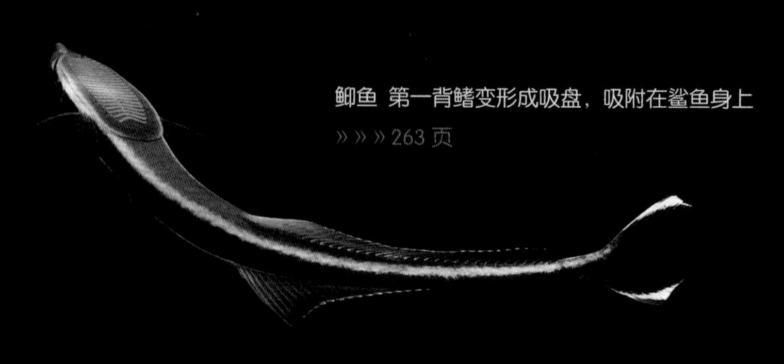

鲫鱼 第一背鳍变形成吸盘，吸附在鲨鱼身上

» » » 263 页

烟管鱼 吻延长为管状，犹如“吸管”

# 物种实鉴

照片展示东南滨海水生动物

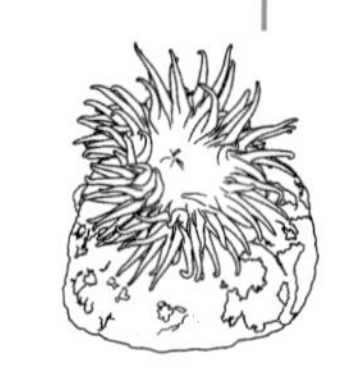

## 刺胞动物门
Cnidaria

刺胞动物是最早出现神经结构的具特殊刺细胞的多细胞动物。身体呈管状或伞形，由两层细胞围绕消化循环腔所组成。肉食性，以浮游生物、小的甲壳类、多毛类及小型鱼类为食。沿海常见类群包括水母、海葵及海鳃。

刺胞动物门 | Cnidaria
钵水母纲 | Scyphozoa
根口水母目 | Rhizostomeae
根口水母科 | Rhizostomatidae

### / 海蜇 /

*Rhopilema esculentum* Kishinouye, 1891

成体一般为乳白色，最大个体直径可达1米。由于发达的环肌具有多样色素细胞，致伞部出现红褐色、青蓝色、淡黄色、褐色。体色因栖息海区不同也有所差异。

幼体

刺胞动物门 | Cnidaria
水螅虫纲 | Hydrozoa
花水母目 | Anthmedusae
银币水母科 | Porpitidae

## / 银币水母 /

*Porpita porpita* (Linnaeus, 1758)

无游泳能力，
只能随着温暖的海流在大海上漂流，
以浮游生物、桡足类和甲壳类幼虫为食。
体由几十个细的同心环和几十条放射肋组成。
中间同心环似银币，外圈环呈青蓝色。

刺胞动物门 | Cnidaria
珊瑚虫纲 | Anthozoa
海葵目 | Actiniaria
海葵科 | Actiniidae

## / 等指海葵 /

*Actinia equina* (Linnaeus, 1758)

栖息于潮间带礁岩背阴处或洞穴中。体色变化大，柱体呈深黄色、深红色、红褐色或玫瑰红色。

## / 武装杜氏海葵 /

*Dofleinia armata* Wassilieff, 1908

固着于浅海泥沙质中的岩石或其他物上。体呈浅黄色。触手粗大且粗糙，密布疣状突起。

## / 亚洲侧花海葵 /

*Anthopleura asiatica* Uchida & Muramatsu, 1958

固着于沿海高潮区岩石上的水坑内。柱体圆筒形，呈浅褐色。疣突红色，斑点状。

## / 亨氏近瘤海葵 /

*Paracondylactis hertwigi* (Wassilieff, 1908)

栖息于浅海泥质沙海底。体呈圆筒状，柱体上有成列的疣状突起。体呈灰褐色，触手呈灰白色或浅褐色。

## / 朴素侧花海葵 /

*Anthopleura inornata* (Stimpson, 1855)

附着于潮间带礁石上。柱体呈圆筒状，体呈绿色。

## / 伸展蟹海葵 /

*Cancrisocia expansa* Stimpson, 1856

通常固着于伪装仿关公蟹的头胸甲上。
体扁平，椭圆形。
柱体低矮，呈圆锥形。
体上有隔膜系形成的放射纵线。
基盘呈浅褐色，表面有同心环纹。

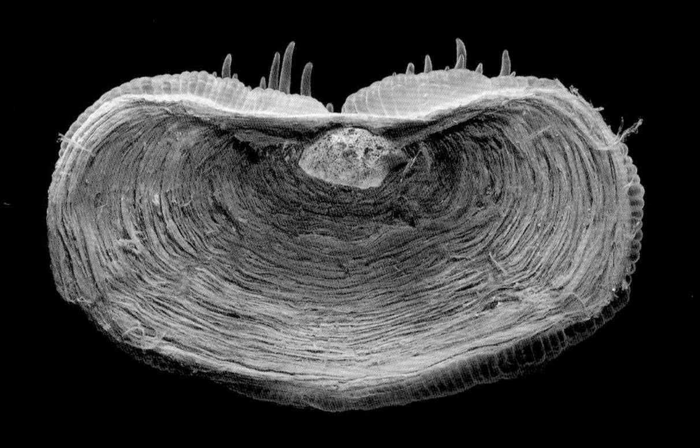

基盘呈浅褐色，表面有同心环纹

通常固着于伪装仿关公蟹的头胸甲上

## / 寄生美丽海葵 /

*Calliactis parasitica* (Couch, 1842)

栖息于沙泥质海底，海葵体常固着于蟹类及贝类表面。海葵体基部呈圆形，柱体短而直立，紫色和白色的纵横纹交错在体壁上。

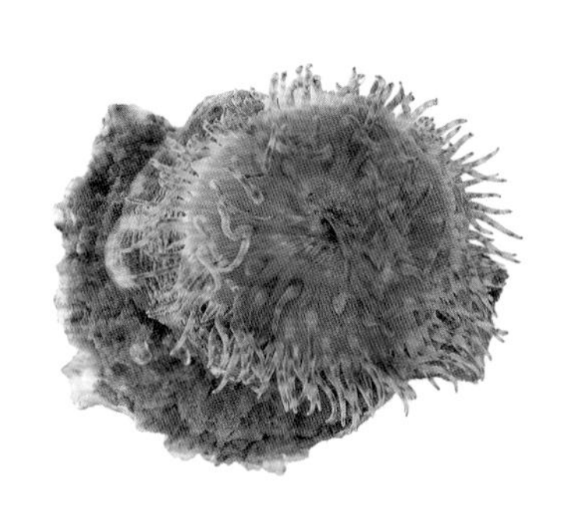

## / 蝇形美丽海葵 /

*Calliactis polypus* (Forsskål, 1775)

常附着在大型寄居蟹的贝壳上，受刺激时可由柱部的枪丝孔射出防卫性枪丝。

刺胞动物门 | Cnidaria
珊瑚虫纲 | Anthozoa
海葵目 | Actiniaria
矶海葵科 | Diadumenidae

## / 纵条矶海葵 /

*Diadumene lineata* (Verrill, 1869)

栖息于沿海潮间带，常附着于木头、石头、贝壳等物体上。体伸展时呈圆筒形，体壁为橄榄绿色、褐色或浅灰色，上有 12 条橙红色或深红色纵条。

刺胞动物门 | Cnidaria
珊瑚虫纲 | Anthozoa
海葵目 | Actiniaria
线形海葵科 | Nemanthidae

## / 闪烁线形海葵 /

*Nemanthus nitidus* (Wassilieff, 1908)

成团附生在线型物体上，体色多变，多为橘红色。

刺胞动物门 | Cnidaria
珊瑚虫纲 | Anthozoa
海葵目 | Actiniaria
喜石海葵科 | Phelliidae

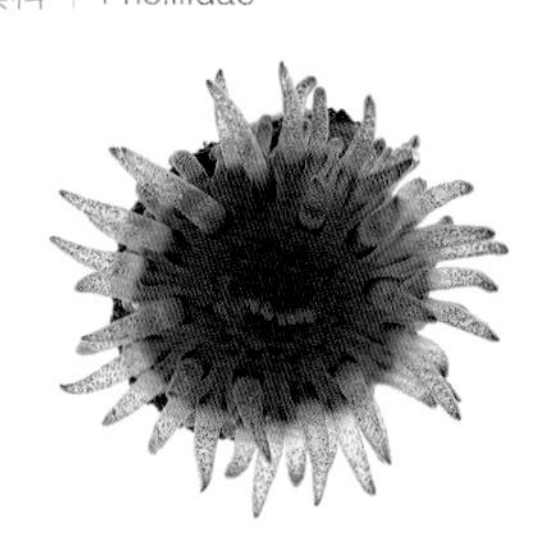

## / 曲道喜石海葵 /

*Phellia gausapata* Gosse, 1858

栖息于底质为细沙软泥的海底。体呈深褐色或浅黄色，其上有黑色的沙粒。柱体呈瓶形，伸展时可见体内隔膜系。触手约 60 个，为透明灰绿色，具有不透明奶油色或砖红色斑。

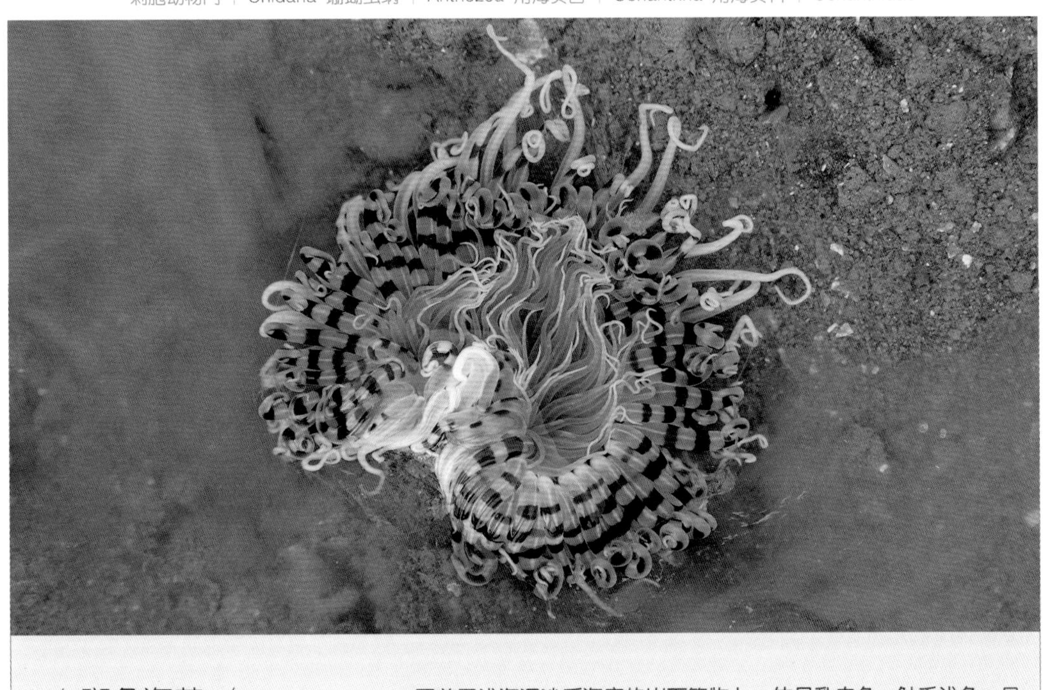

## / 斑角海葵 /

*Cerianthus punctatus* Uchida, 1979

固着于浅海泥沙质海底的岩石等物上。体呈乳白色。触手浅色，具褐色斑纹。

## / 蕨形角海葵 /

*Cerianthus filiformis* Carlgren, 1924

栖息于潮间带泥沙中的鞘管内，体呈圆筒状。

## / 中华棘海鳃 /

*Pteroeides bankanense* Bleeker, 1859

栖息于中潮区以下的软泥质海底。体白色，呈羽毛状。中央棍状体为肉茎，肉茎由初级水螅体构成的。肉茎上半部散开羽状的触手由次级水螅体组成。

刺胞动物门 | Cnidaria
珊瑚虫纲 | Anthozoa
海鳃目 | Pennatulacea
棒海鳃科 | Veretillida

## / 哈氏仙人掌海鳃 /

*Cavernularia habereri* Moroff, 1902

栖息于泥沙质海底，柄部插入泥沙中。主体灰白色，呈棒状，周围不规则地单生许多水螅体。夜晚水螅体伸展于海底平面上，隐约发出磷光，遇外界刺激时磷光可增强。

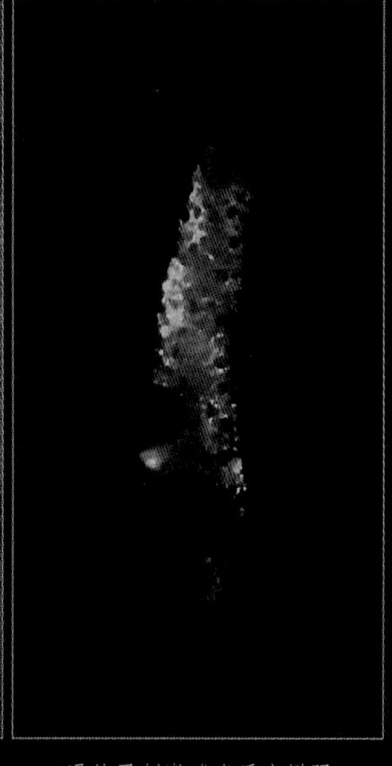

遇外界刺激磷光反应增强

## / 厦门棍海鳃 /

*Lituaria amoyensis* Koo, 1935

栖息于泥沙质海底，柄部插入泥沙中。主体橘黄色，呈棒状，周围不规则地单生许多水螅体。

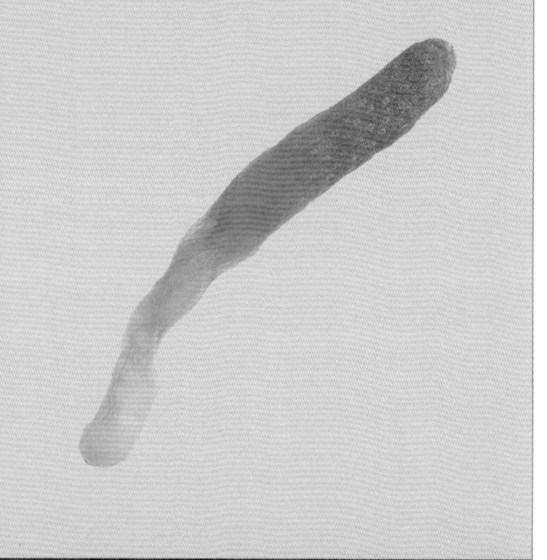

# / 古斯塔沙箸海鳃 /

*Virgularia gustaviana* (Herklots, 1863)

栖息于泥沙质海底，柄部插入泥沙中。上部水螅体呈羽状，多数为黄、橙、红或紫色。

# 扁形动物门
Platyhelminthes

扁形动物不分体节，两侧对称，无体腔，背腹扁平。其口和生殖孔通常在腹面，消化系统不完全，并具有梯式的神经系统和发达的生殖系统。

扁形动物门 | Platyhelminthes
涡虫纲 | Turbellaria
多肠目 | Polycladida
背涡虫科 | Notoplanidae

## / 薄背涡虫 /

*Notocomplana humilis* (Stimpson, 1857)

栖息于潮间带岩石上，依靠纤毛或肌肉的运动进行爬行。体呈绿色，密布褐色斑纹。薄而扁长，前端钝圆并向后端渐渐变窄。再生力强。

## 多孔动物门
Porifera

最原始的多细胞动物，没有器官系统和明确的组织，有特有的水沟系，体表有许多进出水的小孔。

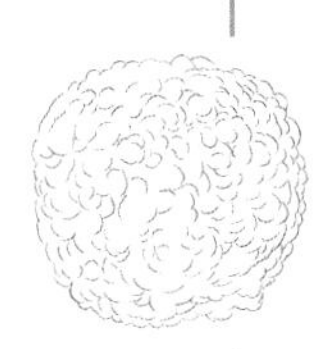

多孔动物门 | Porifera
海绵纲 | Demospongiae
荔枝海绵目 | Tethyida
荔枝海绵科 | Tethyidae

### / 柑桔荔枝海绵 /
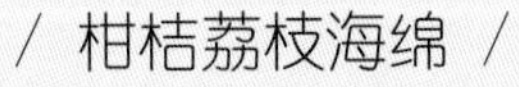
*Tethya aurantium* (Pallas, 1766)

栖息于潮间带礁石背阴处。体呈球形，橘红色。质地有弹性。

## 环节动物门
Annelida

环节动物为两侧对称、分节的裂生体腔动物，是软底质生境中最占优势的潜居动物。

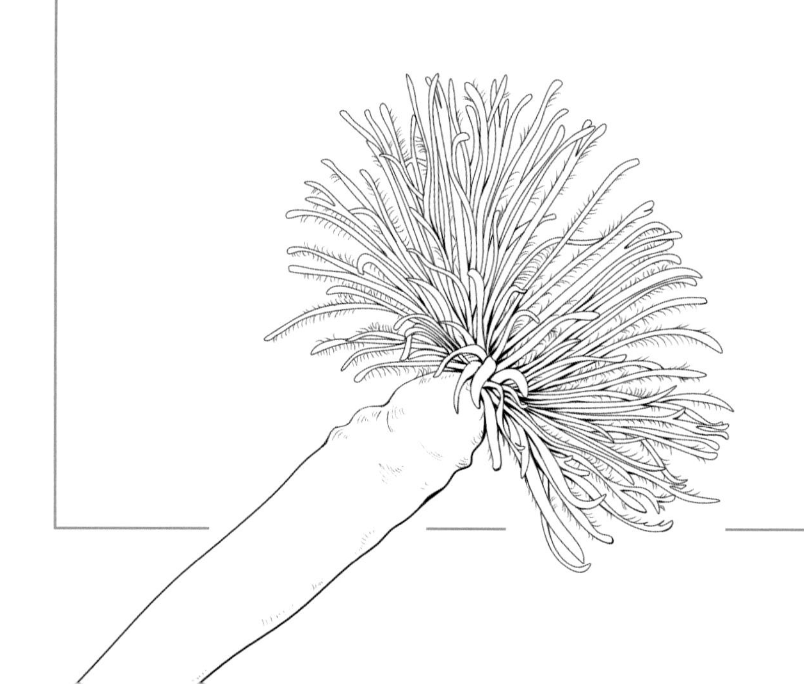

环节动物门 | Annelida
多毛纲 | Polychaeta
仙虫目 | Amphinomida
仙虫科 | Amphinomidae

## / 黄斑海毛虫 /

*Chloeia flava* (Pallas, 1766)

栖息于近海沙质、软泥质海底。虫体呈纺锤形，背腹刚毛束末端均为金黄色。体背部具紫黑色圆形或椭圆形色斑，色斑周围具黄缘。刚毛具毒性。

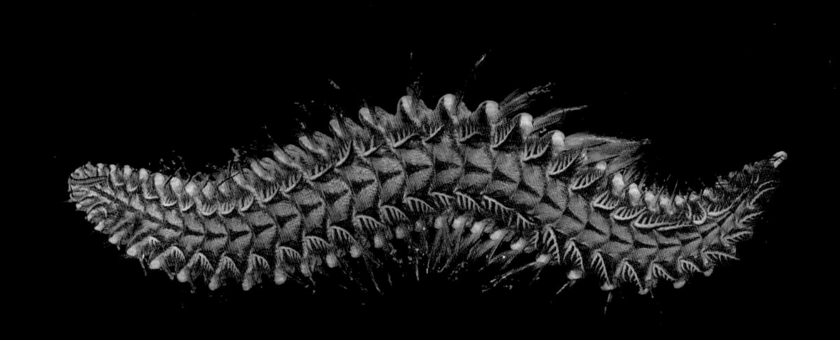

## / 梯斑海毛虫 /

*Chloeia parva* Baird, 1868

习性及外形与黄斑海毛虫相似，
主要区别在于体背部斑点呈三角形。

环节动物门 | Annelida
多毛纲 | Polychaeta
矶沙蚕目 | Eunicida
矶沙蚕科 | Eunicidae

## / 岩虫 /

*Marphysa sanguinea* (Montagu, 1813)

栖息于潮间带石缝及沙底。体紫红色，体前端略带圆形，向后渐扁。

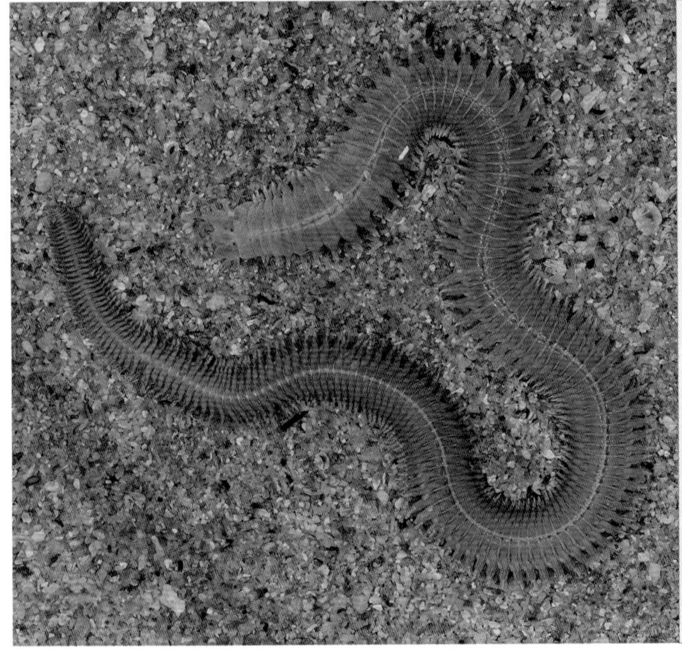

环节动物门 | Annelida
多毛纲 | Polychaeta
叶须虫目 | Phyllodocida
沙蚕科 | Nereididae

## / 多齿围沙蚕 /

*Perinereis nuntia* (Lamarck, 1818)

栖息于河口滩涂潮间带。体色为红色，口前叶梨形，2 对眼位于口前叶后部。

环节动物门 | Annelida
多毛纲 | Polychaeta
叶须虫目 | Phyllodocida
吻沙蚕科 | Glyceridae

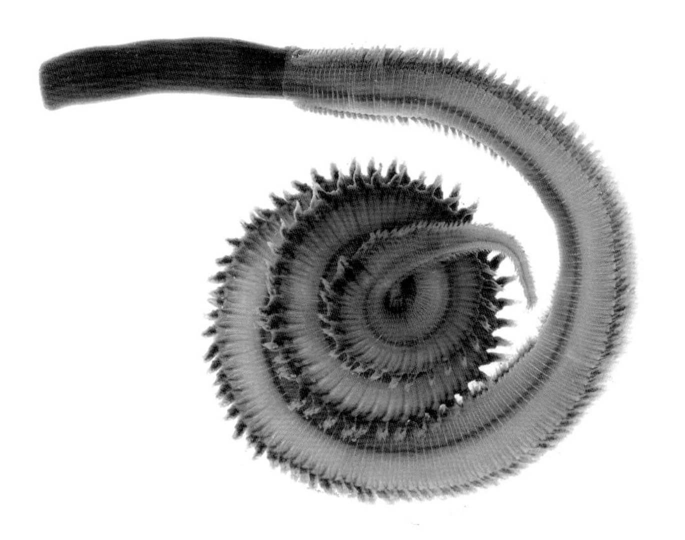

## / 长吻沙蚕 /

*Glycera chirori* Izuka, 1912

体粉色，头部为圆锥状，无触须。前方有一个粗而大的吻，常由口中翻出于体外。

环节动物门 | Annelida 多毛纲 | Polychaeta 蛰龙介目 | Terebellida 丝鳃虫科 | Cirratulidae

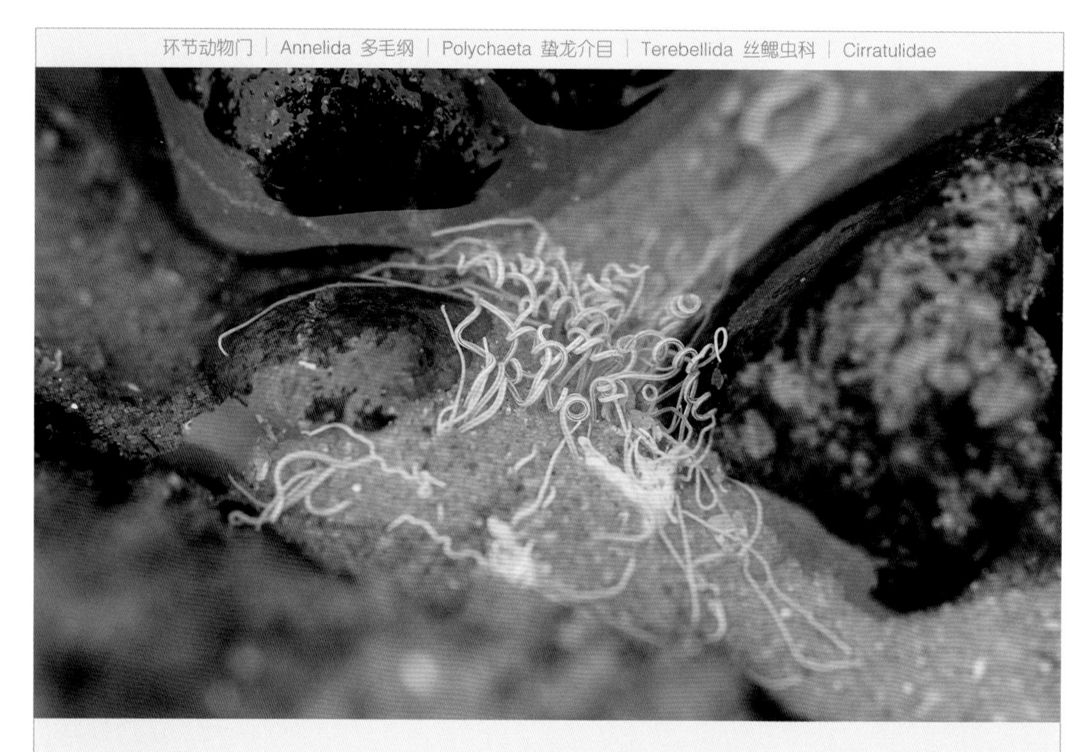

## / 须鳃虫 /

*Cirriformia tentaculata* (Montagu, 1808)

栖息于低潮区的泥底中，或在碎石间用鳃丝匐匍运动。

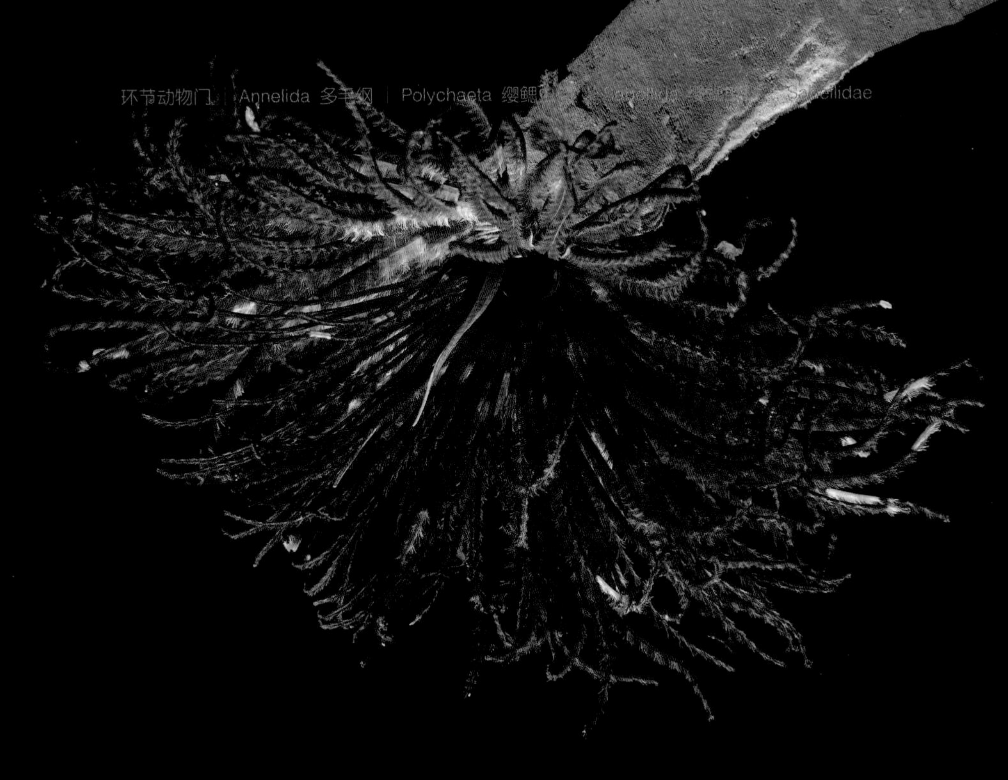

缨鳃虫 *Sabellastarte* spp.，羽毛状的口器在水中展开以捕获水中的有机物质

缨鳃虫 *Sabellastarte* spp.

## / 粗壮光缨虫 /

*Sabellastarte spectabilis* (Grube, 1878)

栖息于礁岩海域。

羽冠呈马蹄形，上面常有红色及咖啡色斑纹。

虫管革质，灰褐色。

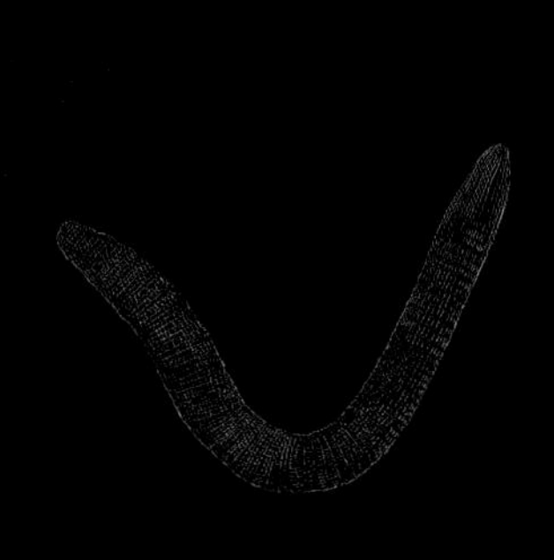

## 星虫动物门
Sipuncula

为真体腔海生原口动物，体分吻和躯干两部分，不具体节，无疣足，形似蠕虫，营底栖生活。

星虫动物门 | Sipuncula 方格星虫纲 | Sipunculidea 方格星虫目 | Sipunculiformes 方格星虫科 | Sipunculidae

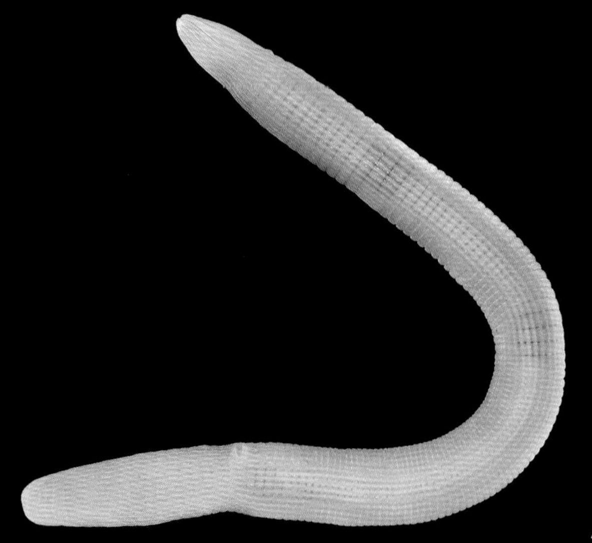

### / 方格星虫 /
*Sipunculus nudus* Linnaeus, 1766

栖息于沿海滩涂地。体乳白色。体壁的纵肌成束，与环肌交错排列成格子状花纹。

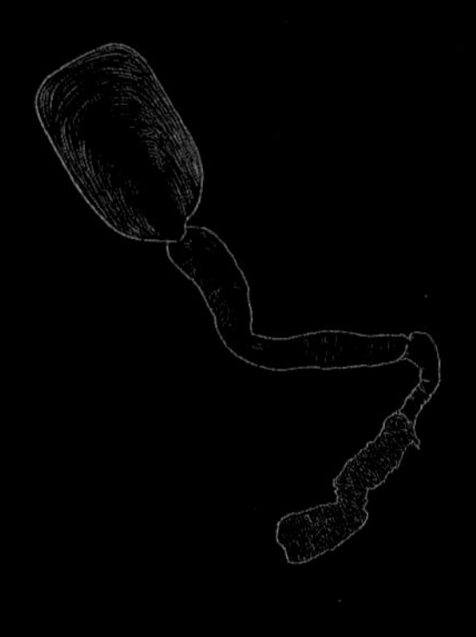

## 腕足动物门
## Brachiopoda

本门动物是古老类群，具背壳和腹壳，而不同于软体动物双壳纲的左、右两壳。营底栖固着生活或半穴居生活。腹壳一般大于背壳，从腹壳后端嘴状突的孔伸出富有肌肉的肉茎固着于海底。

腕足动物门 | Brachiopoda 海豆芽纲 | Lingulata 海豆芽目 | Lingulida 海豆芽科 | Lingulidae

## / 亚氏海豆芽 /

*Lingula adamsi* Dall, 1873

穴居于泥沙底质潮间带至浅水。由背壳和腹壳包闭的躯体部和细长的肉茎构成。两壳扁平，鸭嘴形，棕褐色，壳缘外套生有刚毛。细长的肉茎外形似豆芽。

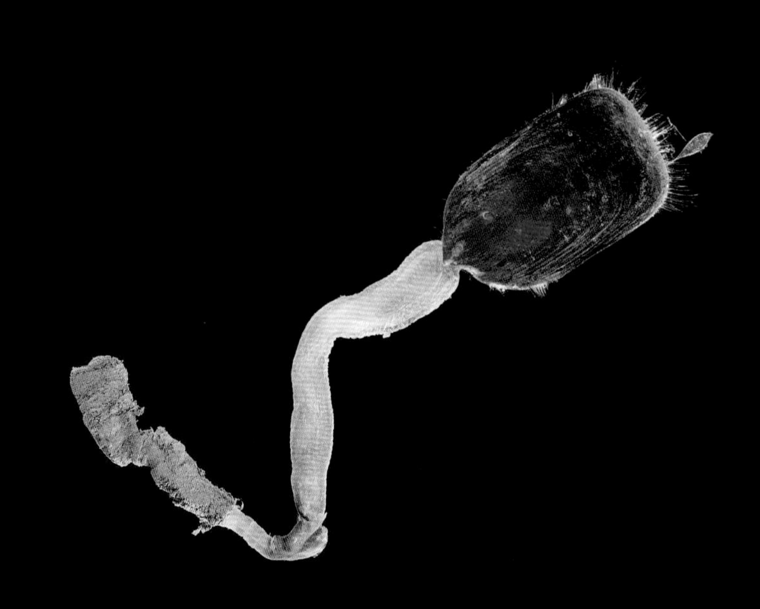

## 苔藓动物门
Bryozoa

苔藓动物是由个虫组成的群体。群体形状与其生长方式密切相关，多数是被覆生长，在基质上形成一层薄膜或多层坚厚皮壳。

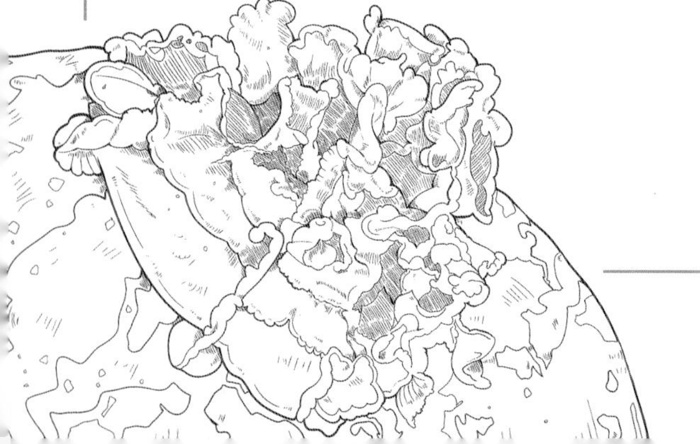

苔藓动物门 | Bryozoa
裸唇纲 | Gymnolaemata
唇口目 | Cheilostomata
血苔虫科 | Watersiporidae

## / 颈链血苔虫 /

*Watersipora subtorquata* (d'Orbigny, 1852)

栖息于潮间带岩石下，一大群生活在一起，组成圆盘状群落。
虫体呈鲜艳的红色。常伸出触手过滤水中的有机物。

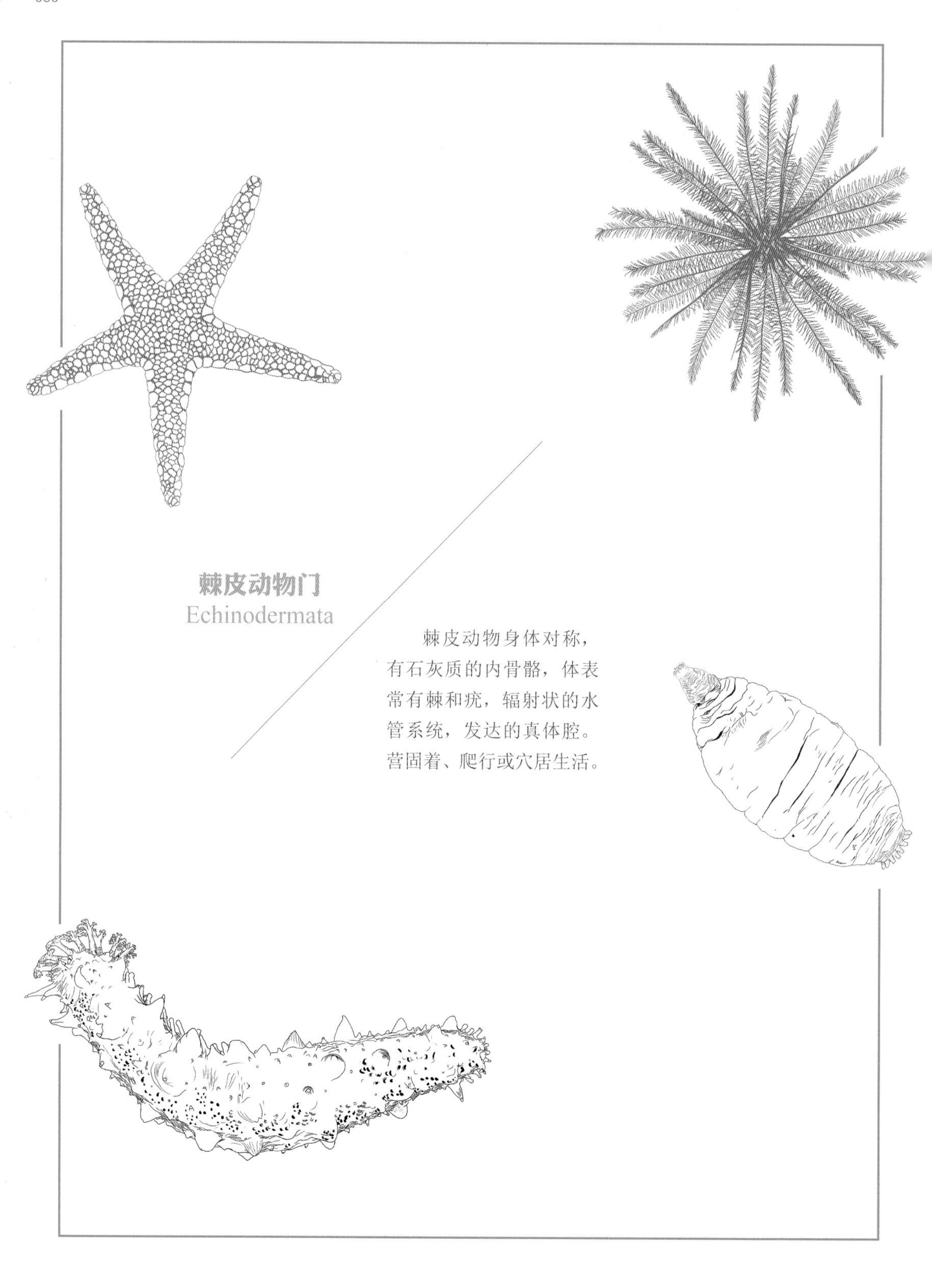

## 棘皮动物门
Echinodermata

棘皮动物身体对称，有石灰质的内骨骼，体表常有棘和疣，辐射状的水管系统，发达的真体腔。营固着、爬行或穴居生活。

## / 日本俏羽枝 /

*Iconometra japonica* (Hartlaub, 1890)

沿岸浅海普遍分布。中背板呈厚盘状。腕数为 10 条，为浅黄色，间杂有朱红色斑纹。

## / 脊羽枝 /

*Tropiometra afra* (Hartlaub, 1890)

沿岸浅海普遍分布。中背板呈盘状，很厚。腕数为10条，基部粗壮，过了1/3后骤然变细。全体为黑紫色或浅黄色。

海百合是棘皮动物中最古老的种类，分为有柄海百合和无柄海百合两大类，东南沿海主要分布的基本为无柄海百合

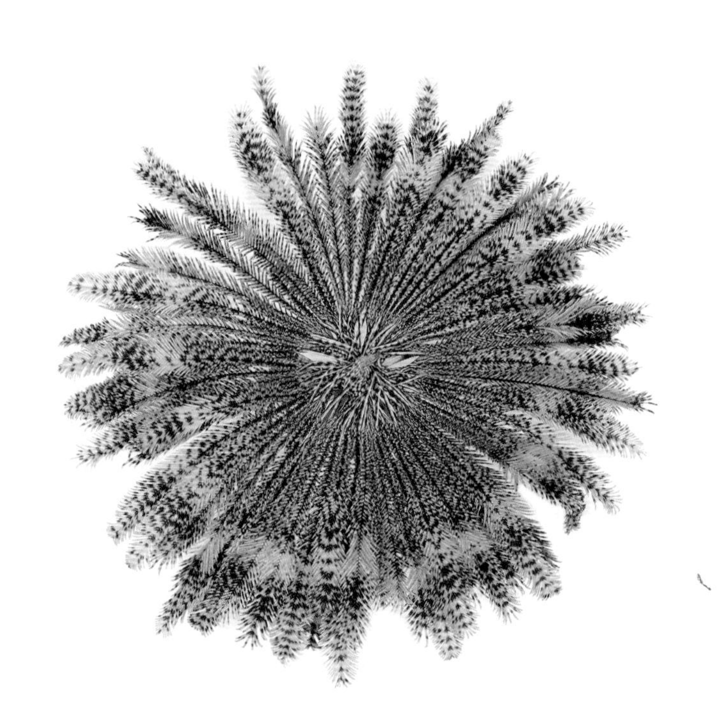

海百合种类繁多，颜色多样

## / 日本尖海齿花 /

*Anneissia japonica* (Müller, 1841)

栖息于稍具水流的礁石或珊瑚礁表面。卷枝窝呈不规则的半球形。以腕上的羽枝滤食水中的浮游生物及有机碎屑。体暗褐色，羽枝末端为黄色。

棘皮动物门 | Echinodermata 海参纲 | Holothuroidea 楯手目 | Synallactida 刺参科 | Stichopodidae

## / 仿刺参 /

*Apostichopus japonicus* (Selenka, 1867)

口部

栖息在底质为岩礁或硬底的港湾内。体呈圆筒状，背面隆起，上有 4 ~ 6 行大小不等、排列不规则的圆锥形肉刺。一般背面为黄褐色，腹面为浅黄褐色。

棘皮动物门 | Echinodermata 海参纲 | Holothuroidea 芋参目 | Molpadida 尻参科 | Caudinidae

## / 海地瓜 /

*Acaudina molpadioides* (Semper, 1867)

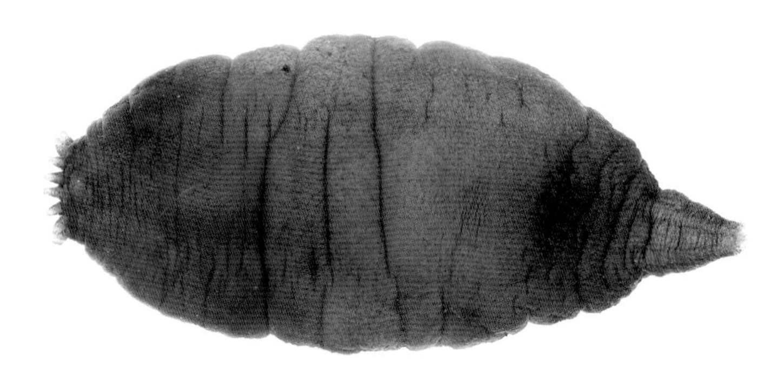

穴居在潮间带到水深 80 米的软泥底。体略呈纺锤形，末端逐渐变细。体色变化大，大个体体色深，为暗紫色。

棘皮动物门 | Echinodermata
海参纲 | Holothuroidea
无足目 | Apodida
锚参科 | Synaptidae

## / 棘刺锚参 /

*Protankyra bidentata* (Woodward & Barrett, 1858)

栖息在潮间带的沙泥中到水深 15 米的泥底。体呈蠕虫状，体壁薄，半透明，从体外稍能透见其纵肌。幼小个体为黄白色，成体为淡红、灰红或赤紫色。

棘皮动物门 | Echinodermata
海参纲 | Holothuroidea
枝手目 | Dendrochirotida
瓜参科 | Cucumariidae

## / 方柱翼手参 /

*Colochirus quadrangularis* Troschel, 1846

栖息于潮间带到水深约100米的海底。体呈方柱状。沿着身体的 4 个棱角各有 1 行排列较规则的锥形大疣足，大疣足中间常夹有较钝的小疣足。背面和两侧为灰红色，疣足为红色，腹面也为红色，触手为灰黄色，分枝为血红或紫红色，管足也为浅红色。

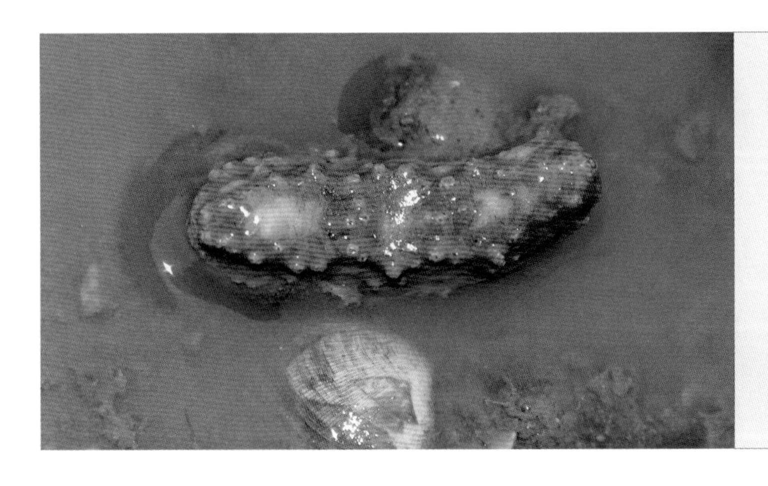

## / 可疑翼手参 /

*Colochirus anceps* Semper, 1867

栖息于潮间带泥底或沙底。背面为淡红色，并带浅黄色云斑。背面有很多大小不等、排列不规则的瘤状疣足。

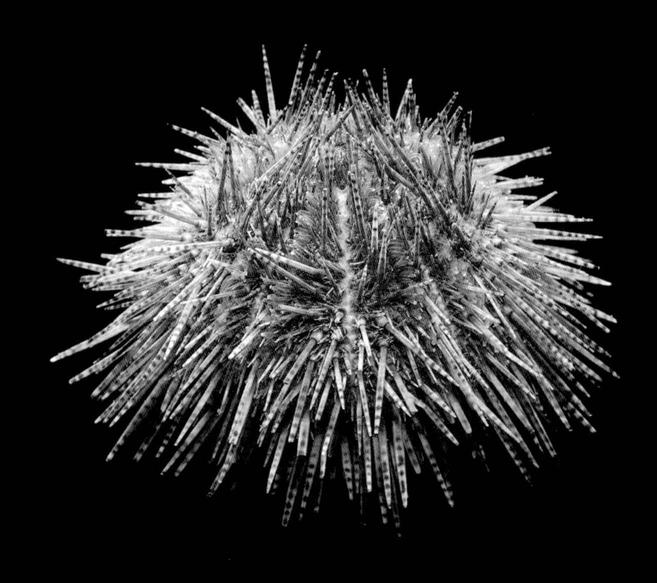

## / 细雕刻肋海胆 /

*Temnopleurus toreumaticus* (Leske, 1778)

生活在沙泥底。
壳厚且坚固，形状变化很大，
从低半球形到高圆锥形。
壳为黄褐、灰绿等色。
大棘上有 3 ～ 4 条红紫或紫褐色的横斑。

## / 杂色角孔海胆 /

*Salmacis sphaeroides* (Linnaeus, 1758)

主要生活在潮间带及浅海的岩礁、砾石、沙石等海底。
壳坚固，半球形。
体表面大多呈暗绿色或灰绿色。
壳面有棘、密生，大棘在绿色的底色上有红褐色、紫色、白色或绿色的环带。

棘皮动物门 | Echinodermata
海胆纲 | Echinoidea
拱齿目 | Camarodonta
长海胆科 | Echinometridae

## / 紫海胆 /

*Anthocidaris crassispina* (A. Agassiz, 1864)

栖息于岩礁海岸及浅海底。
体呈紫黑色，
棘刺粗而长，
末端尖锐。

棘皮动物门 | Echinodermata
海胆纲 | Echinoidea
楯形目 | Clypeasteroida
楯形海胆科 | Clypeasteridae

## / 扁平蛛网海胆 /

*Arachnoides placenta* (Linnaeus, 1758)

栖息于潮间带的沙滩上，
潜伏在浅沙内。
壳薄，很扁，近平圆饼状。
壳呈黑褐色或草黄色，
表面密生又细又短的棘。

棘皮动物门 | Echinodermata
海胆纲 | Echinoidea
冠海胆目 | Diadematoida
冠海胆科 | Diadematidae

## / 刺冠海胆 /

*Diadema setosum* Leske, 1778

栖息于珊瑚礁缝内或石块下，有时也聚集在沙滩上。体为黑色或暗紫色。背部中央具眼睛状的橘黄色肛乳突。棘常有黑白相间的横带，棘刺中空易碎，内有毒液。

棘皮动物门 | Echinodermata
海星纲 | Asteroidea
瓣棘海星目 | Valvatida
蛇海星科 | Ophidiasteridae

## / 伪刺海星 /

*Heteronardoa sagamina* Hayashi, 1973

分布于沙质海底及珊瑚礁海底。腕 5 个，细长。体浅橙红色，腕上具红色斑块，背板上分布朱红色斑块。

## / 中华疣海星 /

*Pentaceraster chinensis* (Gray, 1840)

栖息于浅海沙地上。体红棕色，具5条腕，腕的末端微微翘起。骨板及刺状结的表面密布颗粒，腹板颗粒体较大。初级辐板明显，凸起呈钝刺状。腕部中线区有1列凸起钝刺。

## / 真五角海星 /

*Anthenea pentagonula* (Lamarck, 1816)

多栖息在带有碎贝壳和石块的沙泥底。体呈坚实的五角星状。腕5条，短宽，末端略翘起向上。背面为暗褐色，有红、黄、紫或黑绿色斑点。

## / 异五角海星 /

*Gymnanthenea difficilis* (Liao in Liao & Clark, 1995)

栖息于潮间带。体呈五角星状，腕5条。颜色多变。

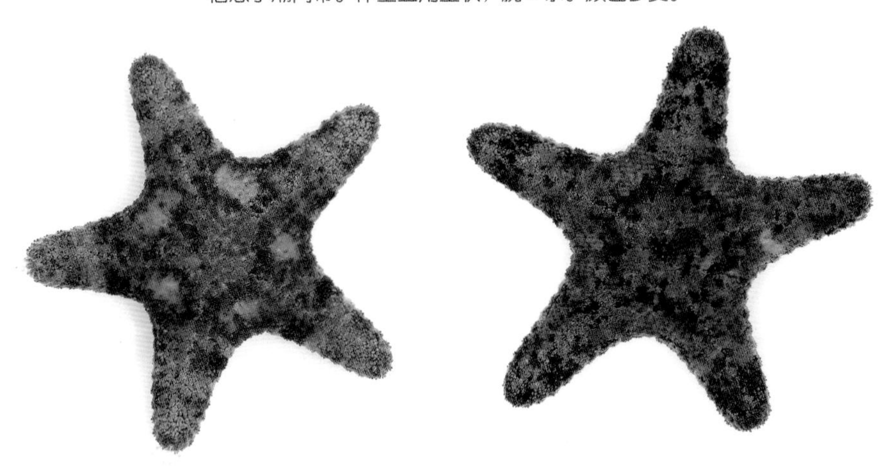

棘皮动物门 | Echinodermata
海星纲 | Asteroidea
瓣棘海星目 | Valvatida
角海星科 | Goniasteridae

## / 链珠海星 /

*Fromia monilis* (Perrier, 1869)

栖息于珊瑚礁海域。腕5条，基部宽，末端渐变细。体盘中央及腕的末端为红色，腕的前半段为粉红色。

棘皮动物门 | Echinodermata 海星纲 | Asteroidea 瓣棘海星目 | Valvatida 海燕科 | Asterinidae

## / 林氏海燕 /

*Aquilonastra limboonkengi* (Smith, 1927)

栖息于潮间带礁石区。体型小，呈五角星形。腕足较短，通常为5条腕足。身体表面有棘状的骨板，体色变异极大。

棘皮动物门 | Echinodermata
海星纲 | Asteroidea
瓣棘海星目 | Valvatida
飞白枫海星科 | Archasteridae

## / 飞白枫海星 /

*Archaster typicus* Müller & Troschel, 1840

栖息于浅海的细沙和贝壳沙底。体灰褐色，腕 5 条。

棘皮动物门 | Echinodermata
海星纲 | Asteroidea
帆海星目 | Velatida
翅海星科 | Pterasteridae

## / 奇异真网海星 /

*Euretaster insignis* (Sladen, 1882)

栖息在近海沙泥底。体呈鲜红色，腕 5 个，短粗。

棘皮动物门 | Echinodermata
海星纲 | Asteroidea
柱体目 | Paxillosida
槭海星科 | Astropectinidae

## / 镶边海星 /

*Craspidaster hesperus* (Müller & Troschel, 1840)

栖息于浅海泥或泥沙底。体紫褐色，腕 5 条。反口面满生小柱体，盘中央和边缘的小柱体小而密。

## / 斑砂海星 /

*Luidia maculata* Muller & Troschel, 1842

栖息于沙质海底。腕数为 7 ~ 9 条，通常为 8 条。背面为黑色，盘中央布满黑斑，各腕上有 5 ~ 7 块稍成同心圆排列的大黑斑。

## / 砂海星 /

*Luidia quinaria* von Martens, 1865

栖息在沙、沙泥和沙砾底质海域。腕足 5 条，脆且易断。背面边缘为黄褐到灰绿色，盘中央到腕端有纵走的黑灰或浅灰色带。

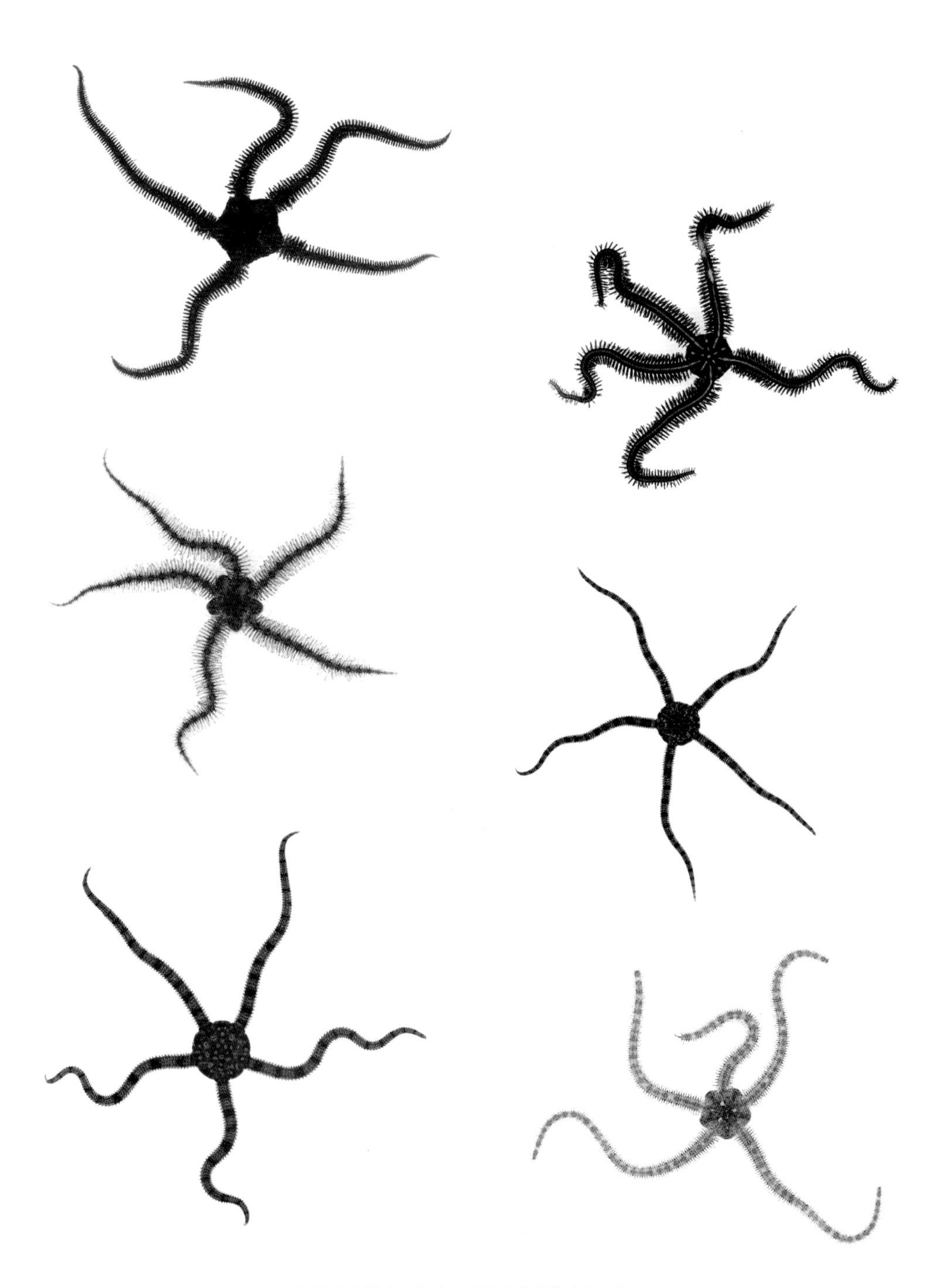

海蛇尾种类繁多，是棘皮动物中种类最多的一族

棘皮动物门 | Echinodermata
蛇尾纲 | Ophiuroidea
蛇尾目 | Ophiurida
真蛇尾科 | Ophiuridae

## / 司氏盖蛇尾 /

*Stegophiura sladeni* (Duncan, 1879)

栖息于近海泥沙质海底。体盘高而厚，盖有覆瓦状排列的大鳞片。腕 5 条，较为粗短，无法灵活运动。体橘红色。

棘皮动物门 | Echinodermata
蛇尾纲 | Ophiuroidea
蔓蛇尾目 | Euryalida
筐蛇尾科 | Gorgonocephalidae

## / 筐蛇尾 /

*Gorgonocephalus* sp.

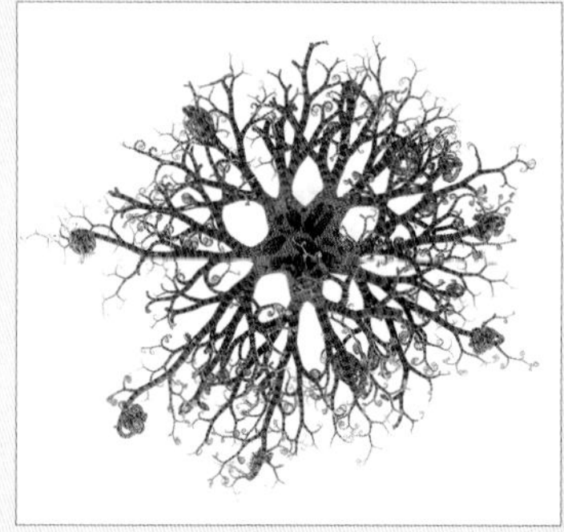

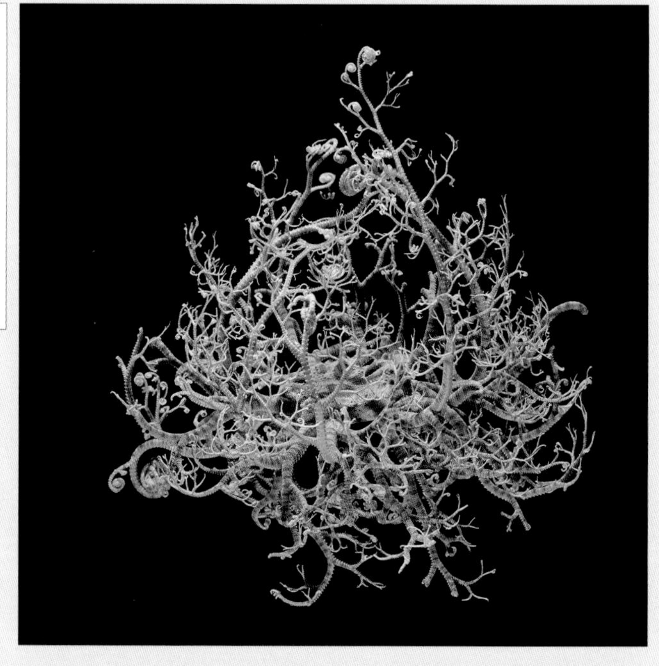

栖息于近海，底栖性。体扁平，星状。体盘小，分出 5 条腕，各腕分出 2 条小腕，每条小腕上又长出多个分支。腕只能作水平屈曲运动。腕末端的触手鳞为钩状。以藻类、多毛类、甲壳类、小型无脊椎动物及有机碎屑为食。

# 软体动物门

## Mollusca

为动物界的第二大门，身体柔软，不分节，通常由头部、足部、躯干部、外套膜和贝壳 5 个部分构成。

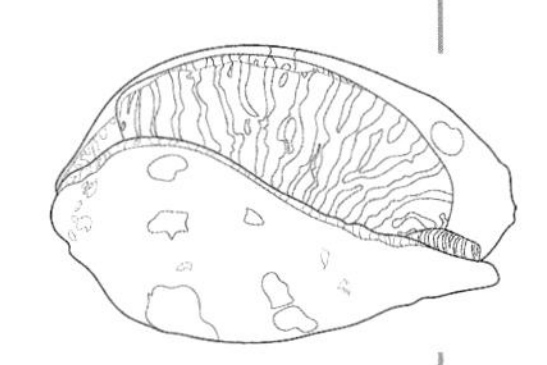

软体动物门 | Mollusca 腹足纲 | Gastropoda 嵌线螺科 | Cymatiidae

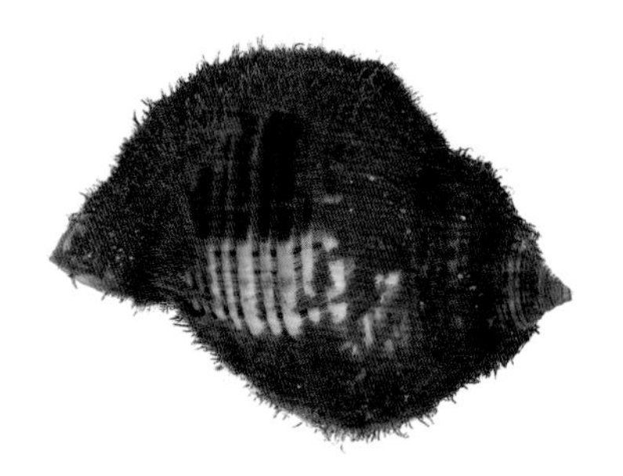

## / 圆肋嵌线螺 /

*Linatella caudata* (Gmelin, 1791)

栖息于浅海泥沙底。贝壳纺锤形，壳质较薄。螺旋部较低，体螺层膨圆。壳面呈黄褐色，常被有绒毛状壳皮。

## / 粒蝌蚪螺 /

*Gyrineum natator* (Röding, 1798)

栖息于潮间带及浅海岩礁间。壳略呈三角形，两侧各具纵肿肋，壳表纵、环肋交织成整齐的颗粒状突起。壳面呈黄褐色或紫色，颗粒突起呈黑色。

软体动物门 | Mollusca 腹足纲 | Gastropoda 宝贝科 | Cypraeidae

## / 黍斑眼球贝 /

*Erosaria miliaris* (Gmelin, 1791)

栖息于低潮线附近至浅海的泥沙质海底。贝壳略呈梨形，黄褐色，表面布满大小不同的白色斑点。

## / 环纹货贝 /

*Monetaria annulus* (Linnaeus, 1758)

栖息于潮间带中、低潮区或浅水塘内。壳卵形，壳质坚固，壳两端较瘦弱，背部中央隆起。背部具1个不明显的金黄色环纹，环纹延伸至贝壳两端时中断，留有缺口。

## / 阿文绶贝 /

*Mauritia arabica asiatica* F. A. Schilder & M. Schilder, 1939

栖息于浅海岩礁和珊瑚礁质海底。贝壳长卵圆形。壳面淡褐色或灰褐色，具有不均匀的黑色花纹。

## / 棕带焦掌贝 /

*Palmadusta asellus* (Linnaeus, 1758)

栖息于潮间带岩礁。贝壳乳白色，呈长卵圆形。壳面光滑，具 3 条较宽的黑褐色色带。

## / 细焦掌贝 /

*Palmadusta gracilis* (Gaskoin, 1849)

栖息于潮间带的岩礁间。壳面青灰色，满布黄褐色斑点，壳两端的左右两侧各具 1 块红褐色斑点。

## / 斑鹑螺 /

*Tonna lischkeana* (Küster, 1857)

栖息于浅海沙质海底。
贝壳近球形，壳质较薄。
壳面白色，顶部为褐色。
螺旋部锥形，体螺层膨大。

## / 带鹑螺 /

*Tonna olearium* (Linnaeus, 1758)

栖息于浅海软泥质海底。贝壳近球形，壳质较薄。壳面淡黄褐色，壳表有粗细不等的栗褐色细肋。螺旋部较小，缝合线呈浅沟状。

## / 沟鹑螺 /

*Tonna sulcosa* (Born, 1778)

栖息于潮下带的泥沙质和沙质海底。贝壳近球形，壳面黄白色，壳顶深紫色。被有壳皮，肋为深褐色。螺旋部低圆锥形，体螺层膨圆，缝合线较深。

## / 拟紫口隐玉螺 /

*Cryptonatica janthostoma* (Deshayes, 1839)

栖息于潮下带的泥沙质海底。贝壳球形，壳质坚厚。螺层约 6 层，缝合线明显。壳面黄褐色，体螺层隐约可见 3 条宽窄不同的灰白色色带。

## / 扁玉螺 /

*Glossaulax didyma* (Röding, 1798)

栖息于潮间带至水深 50 米的细沙质海底。壳半球状，螺旋部低。贝壳顶部呈紫褐色，壳基部呈白色，其余部分呈淡黄色。

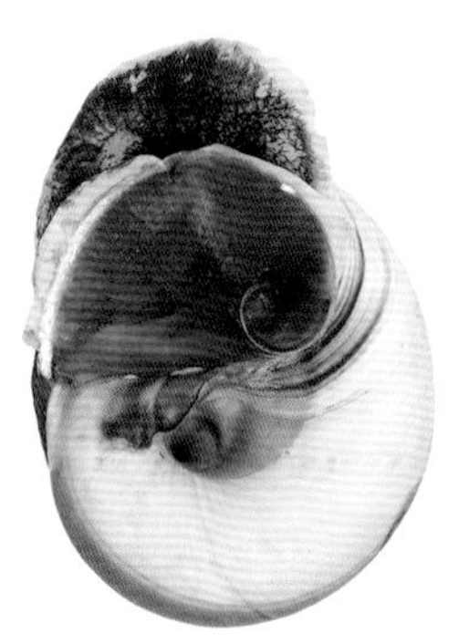

## / 黑田乳玉螺 /

*Mammilla kurodai* (Iw. Taki, 1944)

栖息于浅海沙质或泥沙质海底。贝壳卵圆形。壳质薄。壳面呈灰白色，体螺层有断续的紫褐色色带。

## / 线纹玉螺 /

*Tanea lineata* (Röding, 1798)

栖息于潮间带泥沙质海底。壳略呈球形，淡褐色，布满紫褐色条纹，壳顶紫黑色。体螺层较膨大，光滑无肋，生长纹细密。

软体动物门 | Mollusca
腹足纲 | Gastropoda
蛙螺科 | Bursidae

## / 习见赤蛙螺 /

*Bufonaria rana* (Linnaeus, 1758)

栖息于潮下带浅海软泥质或泥沙质海底。贝壳纺锤形。壳面呈不均匀的黄褐色。壳表具有小颗粒突起组成的螺肋，并有结节突起和短棘。

软体动物门 | Mollusca
腹足纲 | Gastropoda
琵琶螺科 | Ficidae

## / 杂色琵琶螺 /

*Ficus variegata* Röding, 1798

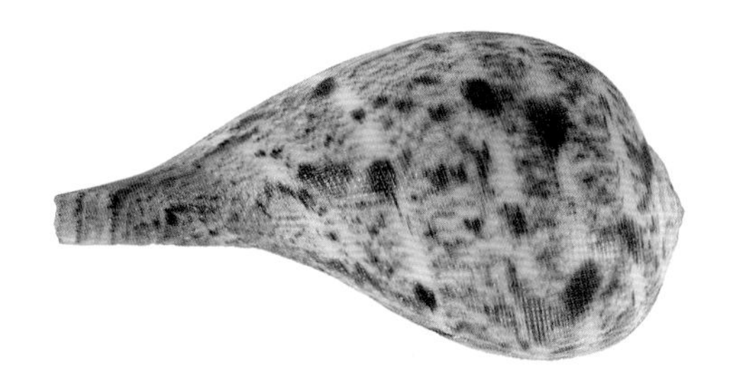

栖息于潮下带水深 1 米 ~ 20 米的浅海沙质海底。壳近琵琶状，螺旋部低平，体螺层膨圆。壳面淡褐色，密布不规则的紫褐色斑块。

软体动物门 | Mollusca
腹足纲 | Gastropoda
蛇螺科 | Vermetidae

## / 覆瓦小蛇螺 /

*Thylacodes adamsii* (Mörch, 1859)

附着在潮间带的岩石上。贝壳呈不规则卷曲的管状。壳面呈灰白色或淡褐色，壳表有不明显的横肋和纵肋。

软体动物门 | Mollusca 腹足纲 | Gastropoda 锥螺科 | Turritellidae

## / 棒锥螺 /

*Turritella bacillum* Kiener, 1843

栖息于潮间带低潮线至浅海海底。贝壳尖锥状，壳质厚。壳表面黄褐色或灰紫色。螺层 20 ~ 30 层，层高、宽度均匀增长。壳面微凸，壳顶尖细。

软体动物门 | Mollusca
腹足纲 | Gastropoda
蜑螺科 | Neritidae

## / 齿纹蜑(dàn)螺 /

*Nerita yoldii* Récluz, 1841

栖息于潮间带高、中潮区的岩石间。贝壳较小，近半球形。壳面白色或黄色，具黑色花纹或云状斑。

软体动物门 | Mollusca
腹足纲 | Gastropoda
裂螺科 | Fissurellidae

## / 中华楯蝛(dùn qī) /

*Scutus sinensis* (Blainville, 1825)

栖息在潮间带岩礁区。贝壳呈长椭圆形，灰白色。壳面生长纹细，紧密围绕形成同心环。软体部白色，夹杂黑色斑纹。

软体动物门 | Mollusca
腹足纲 | Gastropoda
长葡萄螺科 | Haminoeidae

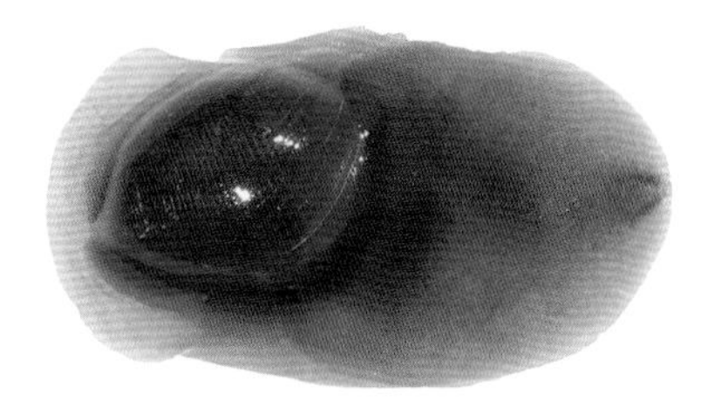

## / 泥螺 /

*Bullacta exarata* (Philippi, 1849)

栖息于潮间带，多在中、低潮区泥沙质或泥质滩涂生活。贝壳卵圆形，壳表半透明，壳质薄而脆，有细密的螺旋沟。软体部为深灰色。

软体动物门 | Mollusca
腹足纲 | Gastropoda
松螺科 | Siphonariidae

## / 蛛形菊花螺 /

*Siphonaria sirius* Pilsbry, 1894

栖息于潮间带的岩石上。贝壳笠状，壳质薄但结实，壳表黑褐色。壳顶向四周具数条放射肋，放射肋隆起。

软体动物门 | Mollusca
腹足纲 | Gastropoda
花帽贝科 | Nacellidae

## / 嫁蝛(qī) /

*Cellana toreuma* (Reeve, 1854)

栖息于潮间带的岩礁上。贝壳笠状，低平，较薄。壳表具有许多细小而密集的放射肋。壳面为锈黄色或青灰色。

软体动物门 | Mollusca
腹足纲 | Gastropoda
榧螺科 | Olividae

## / 伶鼬榧螺 /

fěi

*Oliva mustelina* Lamarck, 1811

栖息于浅海沙质或泥沙质海底。壳圆筒状，壳表为淡黄或灰黄色，密布波纹状的褐色花纹。

软体动物门 | Mollusca
腹足纲 | Gastropoda
凤螺科 | Babyloniidae

## / 方斑东风螺 /

*Babylonia areolata* (Link, 1807)

栖息于水深数米至数十米的沙泥质海底。贝壳长卵形，壳表光滑，生长纹细密，黄褐色壳皮，壳皮下面为黄白色，具有长方的紫褐色斑块。

## / 泥东风螺 /

*Babylonia lutosa* (Lamarck, 1816)

栖息于潮下带浅海软泥和泥质海底。壳长卵圆形，壳顶部各螺层膨圆。壳表平滑，黄褐色，生长纹细而明显。

软体动物门 | Mollusca
腹足纲 | Gastropoda
骨螺科 | Muricidae

## / 亚洲棘螺 /

*Chicoreus asianus* Kuroda, 1942

栖息于低潮线附近至浅海岩礁间。壳面淡黄或黄褐色，常有褐色斑纹。螺层约 8 层，每层有纵肿肋 3 条，纵肿肋上有长短不等的棘刺。壳口近圆形，沿外唇缘至前沟外侧有 8 条发达的棘。

## / 浅缝骨螺 /

*Murex trapa* Röding, 1798

栖息于浅海软泥质或沙质泥海底。贝壳纺锤形，呈黄褐色或灰黄色。每一螺层有 3 条纵肿肋，螺旋部各纵肿肋上有 1 个尖刺，体螺层的纵肿肋上则有 3 个较长的刺。

## / 脉红螺 /

*Rapana venosa* (Valenciennes, 1846)

栖息于潮间带至浅海岩石质或泥沙质海底。壳近球形，壳面具棕色或紫棕色的斑点和花纹，肩角上具较长的棘。

## / 疣荔枝螺 /

*Reishia clavigera* (Küster, 1860)

栖息于潮间带岩礁间。壳略呈卵圆形，壳面呈灰褐色或青褐色，具黑灰色的疣状突起。螺层约 6 层，缝合线浅，螺旋部高。

软体动物门 | Mollusca
腹足纲 | Gastropoda
核螺科 | Columbellidae

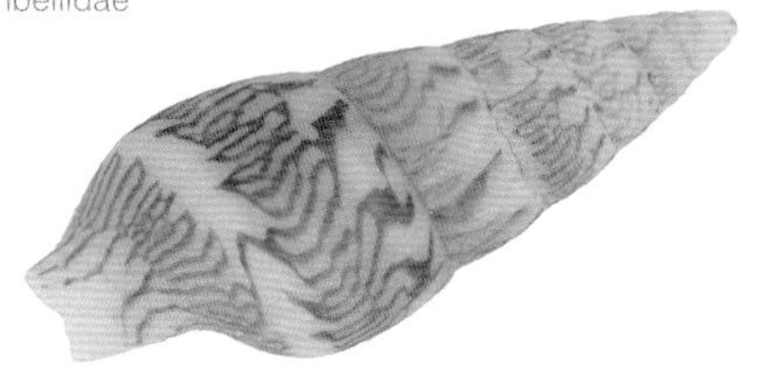

## / 丽小笔螺 /

*Mitrella bella* (Reeve, 1859)

栖息于潮间带岩石区或泥沙质海底的海藻上。贝壳小型，壳纺锤形。壳黄白色，有褐色或紫褐色的火焰状斑纹。

软体动物门 | Mollusca
腹足纲 | Gastropoda
皮亚螺科 | Pisaniidae

## / 甲虫螺 /

*Cantharus cecillei* (Philippi, 1844)

栖息于潮间带的岩石间。壳质厚，纺锤形，缝合线明显。壳面膨胀，壳表具粗而圆的纵肋和细螺肋。壳面黄褐色，有不连续的褐色螺带。

软体动物门 | Mollusca
腹足纲 | Gastropoda
塔螺科 | Turridae

## / 细肋蕾螺 /

*Unedogemmula deshayesii* (Doumet, 1840)

栖息于近海泥沙质和泥质海底。壳呈塔形，壳表黄褐色。有细密而光滑的螺肋，在缝合线下方有 2 条较粗螺肋。

软体动物门 | Mollusca
腹足纲 | Gastropoda
涡螺科 | Volutidae

## / 瓜螺 /

*Melo melo* (Lightfoot, 1786)

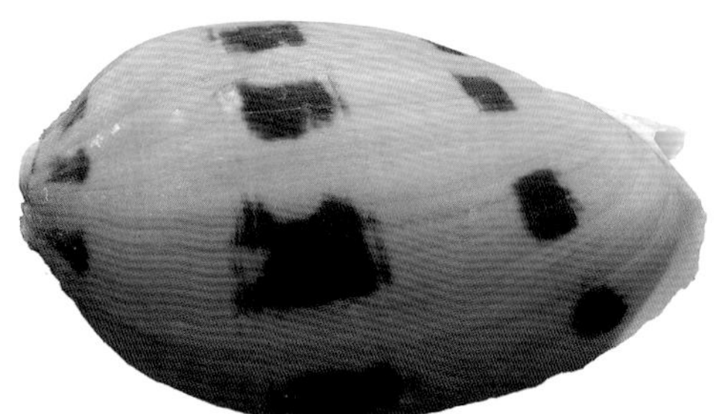

栖息于浅海泥沙底。壳呈长椭圆形。壳表光滑，呈深橘黄色，杂有稀疏的棕色斑块。

软体动物门 | Mollusca
腹足纲 | Gastropoda
织纹螺科 | Nassariidae

## / 粗肋织纹螺 /

*Nassarius nodiferus* (Powys, 1835)

栖息于浅海沙质或泥沙质海底。壳长卵圆形，壳表灰色。螺层约 8 层，各螺层呈阶梯状，中部有 1 条灰白色色带。

软体动物门 | Mollusca
腹足纲 | Gastropoda
蛾螺科 | Buccinidae

## / 褐管蛾螺 /

*Siphonalia spadicea* (Reeve, 1847)

栖息于浅海软泥质或泥沙质海底。贝壳灰白色，被有褐色薄壳皮。长纺锤形，壳表面密布细螺肋。

软体动物门 | Mollusca 腹足纲 | Gastropoda 盔螺科 | Melongenidae

## / 管角螺 /

*Hemifusus tuba* (Gmelin, 1791)

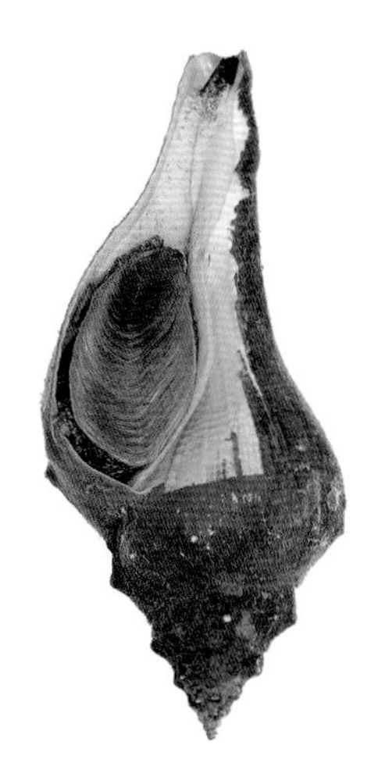

栖息于浅海的沙泥质或软泥质海底。壳呈纺锤状。螺旋部较低，体螺层膨大，螺层周围有突出的结节，缝合线弯曲。壳表面覆盖着一层黄褐色外皮。

软体动物门 | Mollusca 腹足纲 | Gastropoda 细带螺科 | Fasciolariidae

## / 长纺锤螺 /

*Fusinus salisburyi* Fulton, 1930

栖息于潮间带的泥沙质海底。壳呈长纺锤形，表面有壳皮。螺肋明显。螺旋部各层有数条纵肋。

## / 银口凹螺 /

*Chlorostoma lischkei* Tapparone-Canefri, 1874

栖息于潮间带至水深 20 米岩礁底。贝壳矮圆锥形。壳面灰黑色，壳底面色泽略浅。螺层 5 ~ 6 层，缝合线浅。脐部翠绿色，具珍珠光泽。

## / 托氏蜎螺 /

*Umbonium thomasi* (Crosse, 1863)

栖息于潮间带细沙间。壳扁平，壳质结实。螺层表面具光泽，色彩变化大，具规则密集的放射状花纹。



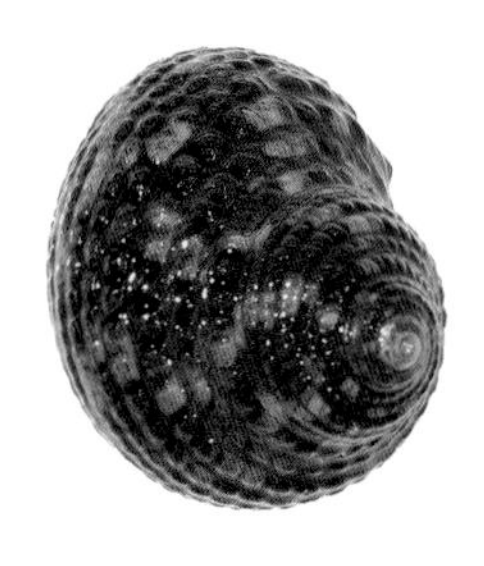

## / 单齿螺 /

*Monodonta labio* (Linnaeus, 1758)

栖息于潮间带岩礁与砾石海底。壳近球形。壳质结实。螺层 6 ~ 7 层，缝合线浅，体螺层周缘膨隆。螺肋突起，由规则的方砖状颗粒组成。

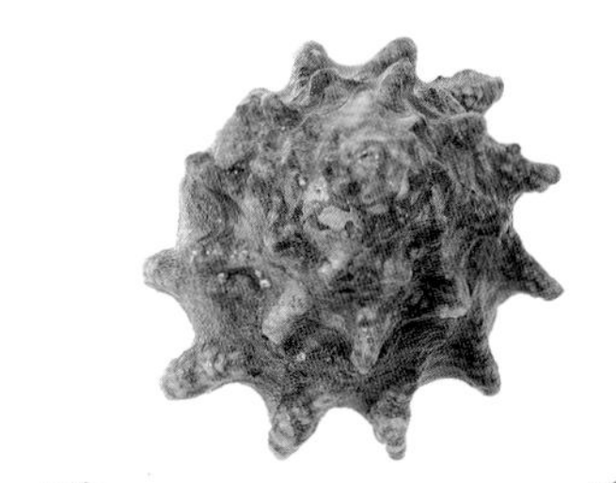

## / 紫底星螺 /

*Astralium haematragum* (Menke, 1829)

栖息于潮间带至 20 米深浅的海岩礁。贝壳呈圆锥形。轴唇与石灰质厣的边缘呈紫色。

## / 粒花冠小月螺 /

*Lunella coronata* (Gmelin, 1791)

栖息于潮间带岩石上。壳近球状，壳质坚厚。螺层表面具细螺肋，由近圆形小颗粒组成，各螺层的中部和体螺层上有发达的粗螺肋，肋上具瘤状突起。



## / 中国笔螺 /

*Isara chinensis* (Gray, 1834)

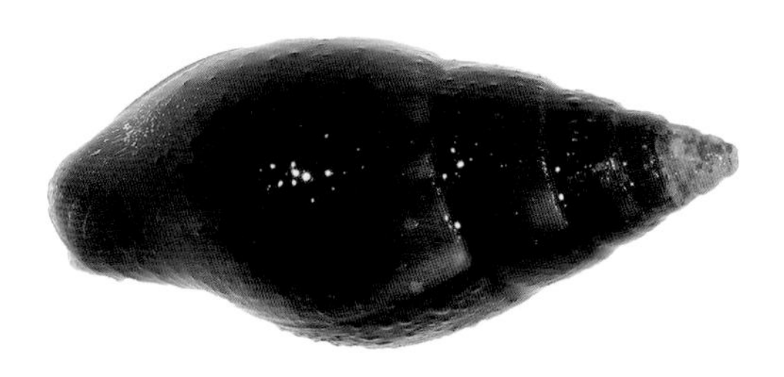

栖息于潮间带的岩石间。壳纺锤形，壳质坚硬。螺层约 10 层，缝合线细，明显。壳表黑灰褐色。

软体动物门 Mollusca 腹足纲 Gastropoda 船尾螺科 Aplustridae

## / 黑带泡螺 /

*Hydatina zonata* ([Lightfoot], 1786)

栖息于浅海沙底。贝壳壳薄，呈卵球形。壳表装饰有粗、细不等的褐色纵线。

软体动物门 Mollusca 腹足纲 Gastropoda 枝鳃科 Dendrodorididae

## / 红枝鳃海牛 /

*Dendrodoris rubra* (Kelaart, 1858)

栖息于潮间带礁石下及海藻丛中。呈舌形，柔软。外套宽，背面平滑，边缘薄，呈波浪状。体呈橘红色，背面具黑色斑点。

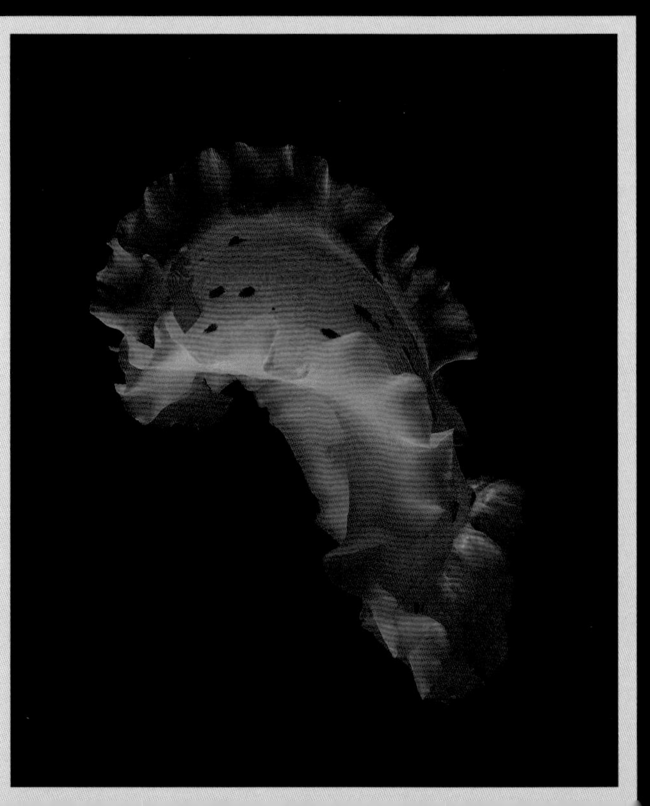

## / 芽枝鳃海牛 /

*Dendrodoris krusensternii* (Gray, 1850)

栖息于礁石区潮间带。背面黄褐色，上面点缀 2 道亮蓝色圆斑。裸鳃位于身体背面后端，呈褐色。鳃枝顶端为黑褐色。

## / 树状枝鳃海牛 /

*Dendrodoris arborescens* (Collingwood, 1881)

栖息于礁石区潮间带至浅海。体背面为黑褐色，身体边缘有一圈朱红色区域。裸鳃发达，位于身体背面后端。

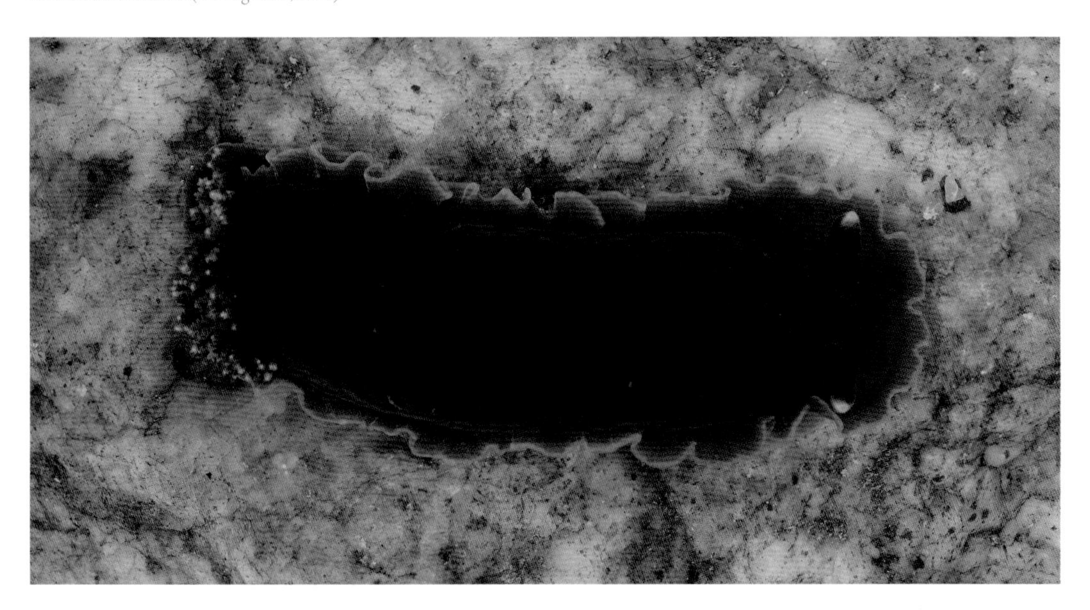

软体动物门 Mollusca
腹足纲 Gastropoda
无壳侧鳃科 Pleurobranchaeidae

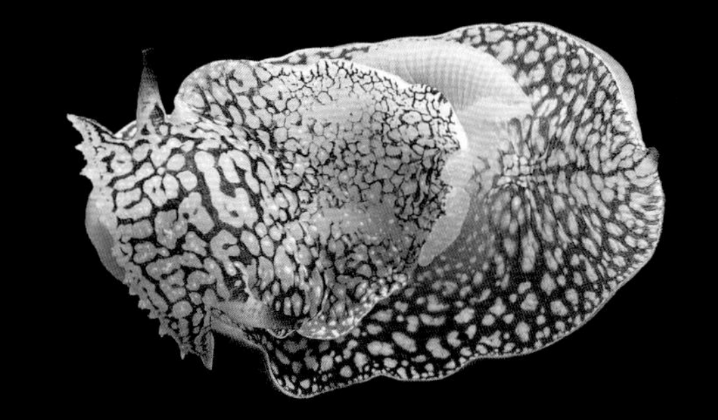

## / 尾棘无壳侧鳃 /

*Pleurobranchaea brockii* Bergh, 1897

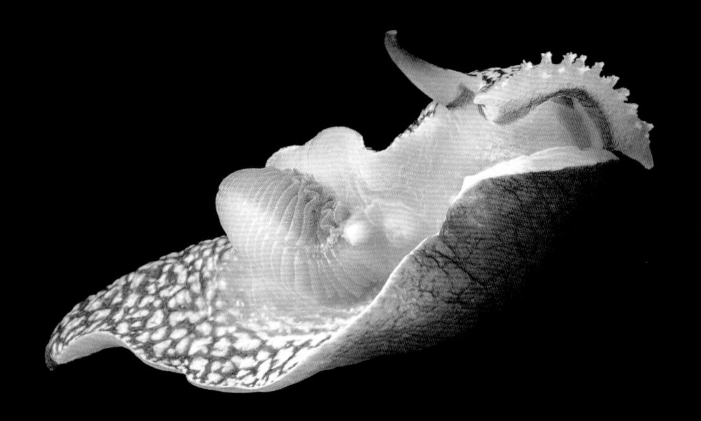

生活于潮间带岩石、海藻间至泥沙底质浅海。体呈长圆形，无壳。头幕大，呈扇形，两前侧角呈触角状。鳃羽状，位于体右侧中部。体表面光滑，具网状斑纹。

软体动物门 | Mollusca
腹足纲 | Gastropoda
片鳃科 | Arminidae

## / 舌片鳃 /

*Armina variolosa* (Bergh, 1904)

栖息于浅海泥沙海底。
体呈红褐色，
体背面均匀分布白色疣凸。
身体侧面具多列明显的片状鳃。

软体动物门 | Mollusca
腹足纲 | Gastropoda
多彩海牛科 | Chromodorididae

## / 节庆高泽海蛞蝓 /

*Hypselodoris festiva* (A. Adams, 1861)

栖息于礁石区潮间带至浅海。
体背面蓝色，
分布金色线条及黑色的斑点。
触角及裸鳃为橙红色。

软体动物门 | Mollusca 腹足纲 | Gastropoda 海牛科 | Dorididae

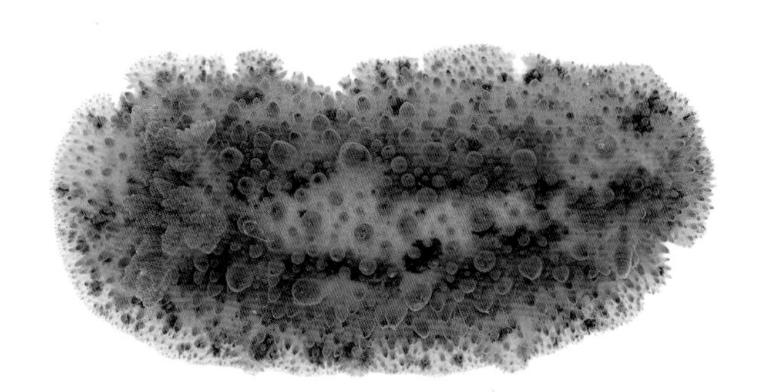

## / 日本石磺海牛 /

*Homoiodoris japonica* Bergh, 1882

栖息于潮间带泥沙底。体呈黄色，体背有许多瘤状突起。

软体动物门 | Mollusca 腹足纲 | Gastropoda 海兔科 | Aplysiidae

## / 蓝斑背肛海兔 /

*Notarchus leachii* (Blainville, 1817)

栖息在潮下带的海涂或海藻上，产卵季节爬行于潮间带。身体为青绿色，背面和边缘有数个青绿或蓝色的眼状斑，眼状斑周围褐色线圈围绕。

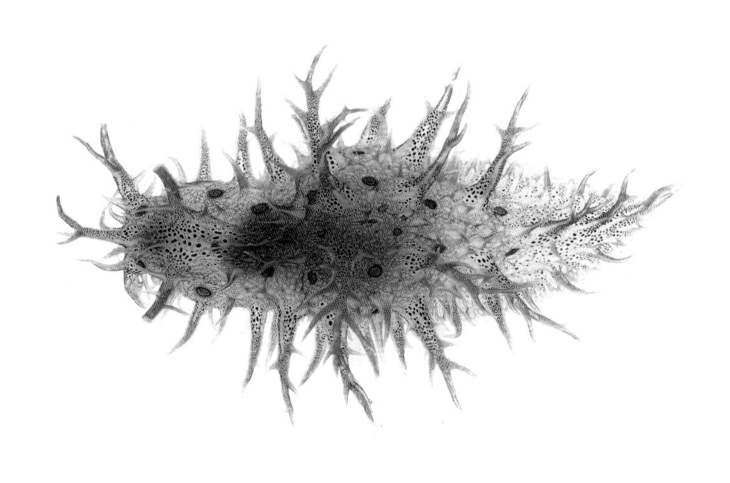

## / 黑斑海兔 /

*Aplysia kurodai* Baba, 1937

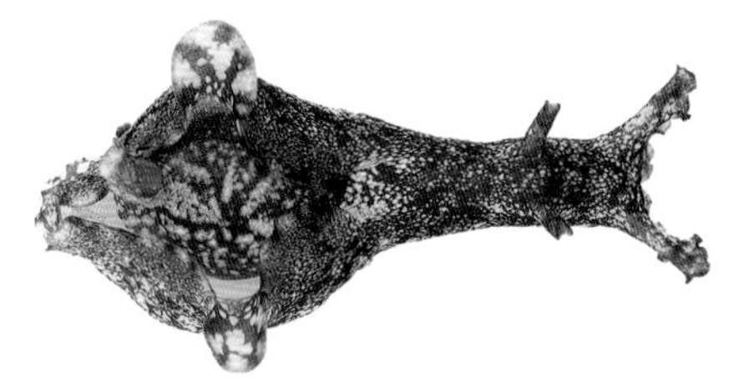

栖息在潮间带礁石、海藻间。体呈淡褐色。背面和侧面有不规则的淡白至青绿色斑点，侧足内面有黑紫色和白色相间的大圆斑，外套孔周围有黑色放射状线条。有紫汁腺，遇到外界刺激时会将紫色汁液喷出。

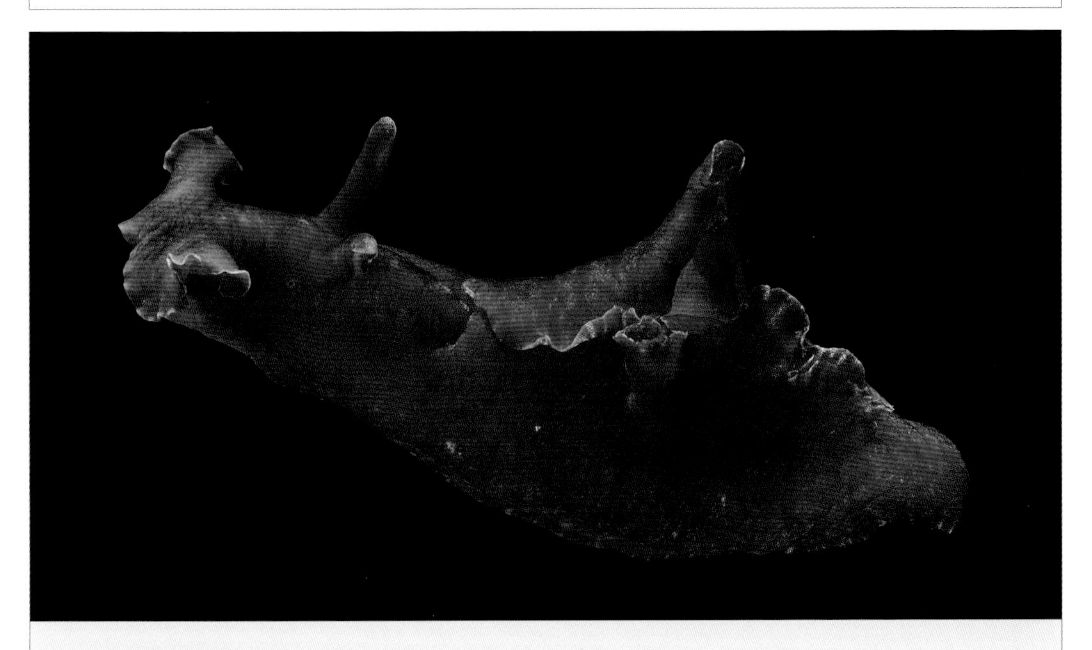

## / 杂斑海兔 /

*Aplysia juliana* Quoy & Gaimard, 1832

栖息在潮间带礁石、海藻间。体通常褐红色，散布斑纹。

## / 栉孔扇贝 /

*Azumapecten farreri* (K. H. Jones & Preston, 1904)

栖息于低潮线下至水深 60 米以内底质为礁石、沙砾和贝壳沙的浅海。贝壳圆扇形。壳面具有粗细不等的放射肋，肋上通常具棘刺。两壳放射肋数目不同，左壳粗肋 10 条左右，右壳约有 20 余条。贝壳颜色多种，有红褐色、紫褐色、黄褐色等。

## / 台湾拟日月贝 /

*Ylistrum japonicum taiwanicum* (Habe, 1992)

栖息于浅海沙质海底。壳圆形。左壳表面红褐色，右壳白色。左壳表面有若干条不甚明显的褐色放射带，右壳内面具放射肋 40 ~ 48 条。

## / 青蚶 /

*Barbatia virescens* (Reeve, 1844)

栖息于潮间带至水深几十米的浅海。贝壳近长方形，壳面略显绿色，壳皮粗糙，壳后端的壳皮翘起呈黑棕色片状。放射肋细密，生长线明显。

## / 魁蚶 /

*Scapharca broughtonii* (Schrenck, 1867)

栖息于潮间带至水深数十米的软泥质或泥沙质海底。壳斜卵圆形，膨胀。壳面白色，被棕色壳皮和黑棕色壳毛。贝壳前端圆，后端呈斜截形。放射肋 42 条左右。

## / 粒帽蚶 /

*Cucullaea granulosa* Jonas, 1846

栖息于水深 10 米 ~ 200 米的沙底。壳略呈斜正方形，两壳膨胀，表面被棕褐色壳皮。

## / 四角蛤蜊 /

*Mactra quadrangularis* Reeve, 1854

栖息于潮间带至水深 20 米的沙泥底浅海。壳略呈四角形，壳质较厚，两壳极膨胀。壳表有较薄的淡黄色壳皮，生长线明显。壳内面白色，有时紫色。



## / 中国仙女蛤 /

*Callista chinensis* (Holten, 1802)

栖息于潮间带低潮区至潮下带浅海沙质海底。贝壳中型，横长。壳顶钝，前倾。壳前端圆，后端略尖。壳面淡黄色，具有紫色放射性条带。

## / 半布目浅蛤 /

*Macridiscus donacinus* (Megerle von Mühlfeld, 1811)

栖息在潮间带泥沙中及浅海的沙泥底。贝壳呈三角卵圆形，壳质坚厚、重。两壳膨胀度相对较小，略显扁平状。贝壳表面颜色变化大。

## / 中国江珧 /

*Atrina chinensis* (Deshayes, 1841)

栖息于水深 30 米的浅海，以足丝营附着或半埋栖生活。贝壳大，壳质薄，近似扇形。壳表面青褐色。自壳顶有 15 ～ 20 条明显的放射肋。

## / 羽状江珧 /

*Atrina penna* (Reeve, 1858)

栖息于浅海软泥质或泥沙质海底。壳表淡黄至黄褐色，略半透明，生长线细密。



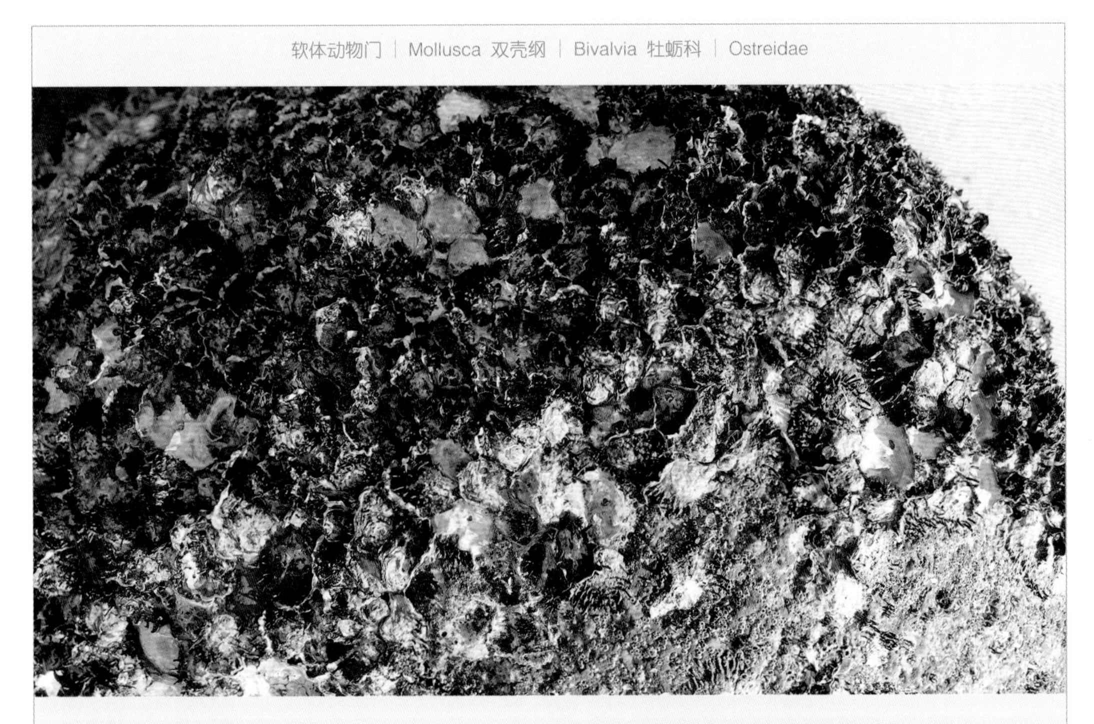

## / 棘刺牡蛎 /

*Saccostrea kegaki* Torigoe & Inaba, 1981

栖息于沿海潮间带岩石上。贝壳扁平，圆形或卵圆形。壳表紫灰色，密生鳞片，有管状棘。

软体动物门 | Mollusca
双壳纲 | Bivalvia
竹蛏科 | Solenidae

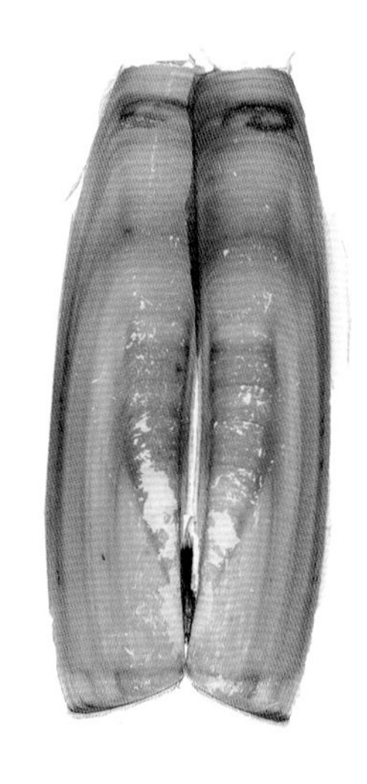

## / 大竹蛏 /

*Solen grandis* Dunker, 1862

栖息于潮间带中、低潮区至浅海泥沙质海底。壳呈长柱形，侧扁，前端斜截形，后端圆形。壳皮黄褐色或深棕色，生长线明显并有粉红色的色带。壳质较厚但易碎。

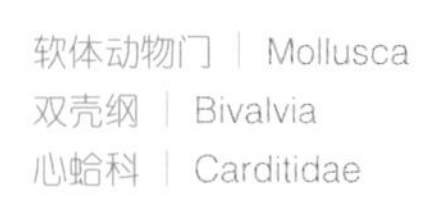

软体动物门 | Mollusca
双壳纲 | Bivalvia
心蛤科 | Carditidae

## / 斜纹心蛤 /

*Cardita leana* Dunker, 1860

用足丝营附着在潮间带的岩石上。贝壳小型，壳质坚厚。两壳相等、较凸。壳顶突起，微向前倾。壳表灰白色，放射肋明显，约有17 条。

软体动物门 | Mollusca
双壳纲 | Bivalvia
贻贝科 | Mytilidae

## / 寻氏弧蛤 /

*Arcuatula senhousia* (Benson, 1842)

栖息于潮间带泥沙滩及浅海底。壳略呈三角形，薄而透明。壳表面为黄褐色或绿褐色，自壳顶至后缘有棕色或紫褐色放射纹及波状花纹。

## / 厚壳贻贝 /

*Mytilus coruscus* Gould, 1861

附着在潮间带至水深 20 米的岩礁上。壳呈楔形，较厚，呈紫褐色。壳顶位于贝壳最前端，尖细。

## / 翡翠贻贝 /

*Perna viridis* (Linnaeus, 1758)

附着生活在潮间带至水深 10 米的岩石上。壳楔形，壳质较薄，壳面为翠绿色。

## / 条纹隔贻贝 /

*Septifer virgatus* (Wiegmann, 1837)

附着生活于潮间带的岩礁岸。壳表紫黑色，无毛。壳形较扁，长形，壳质厚。生长纹细密，不规则。壳顶尖，位于贝壳最前端，后端宽圆。

## / 豹纹蛸 /

*Hapalochlaena fasciata* (Hoyle, 1886)

营底栖生活。胴部梨形或圆形，末端尖。全身黄棕色，头部和腕部具有较小的蓝环，在外套膜表面则为蓝色短线。唾液腺和肌肉中都具有河豚毒素。

## / 沙蛸 /

*Amphioctopus aegina* (Gray,1849)

浅海底栖生活，主要栖居于大陆架浅水区。胴部卵圆形，体表有很多土黄色近圆形颗粒，并有一些网络状细条纹；胴背部中央有1条浅色条斑，两眼间有1个浅色的细弯斑。短腕型，各腕长度相近。

## / 台湾小孔蛸 /

*Cistopus taiwanicus* J. X. Liao & C. C. Lu, 2009

小个体多栖于潮间带岩礁间，大个体多栖于沙泥质海底。胴部长卵形，体表光滑，胴体边缘呈青绿色。

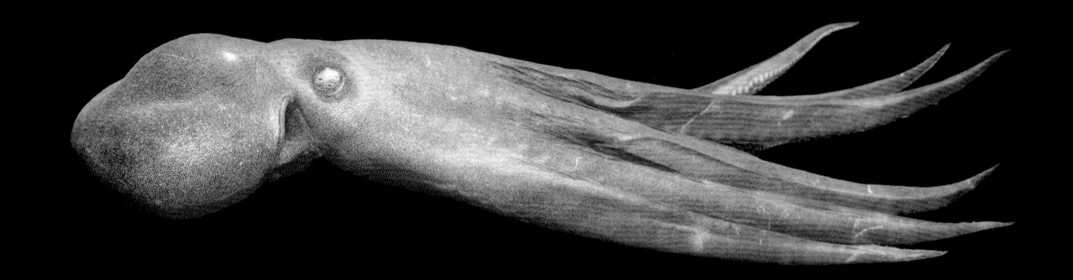

/ 丽蛸 /

*Callistoctopus sp.*

多栖于沙泥质海底。
胴部长卵形，体表质光滑。
头部、腕和腕间膜夹杂着不规则的极细的黄色点斑。

## / 中华蛸 /

*Octopus sinensis* d'Orbigny, 1834

为沿岸底栖性物种。白天常潜伏在沙泥海底或岩礁缝中，夜间猎捕蟹类、虾类和贝类。胴部卵圆形，体表较光滑，体多呈深褐色，具极细的黄褐色的色素斑点，胴背具十分明显的灰白斑点。短腕型，各腕长度相近。

## / 嘉庚蛸 /

*Octopus tankahkeei*

栖息于滩涂的泥洞中，
夜栖性，肉食，
捕食小型虾蟹及小鱼。
胴部卵圆形，体褐黄色，
具极细褐黑色素点。

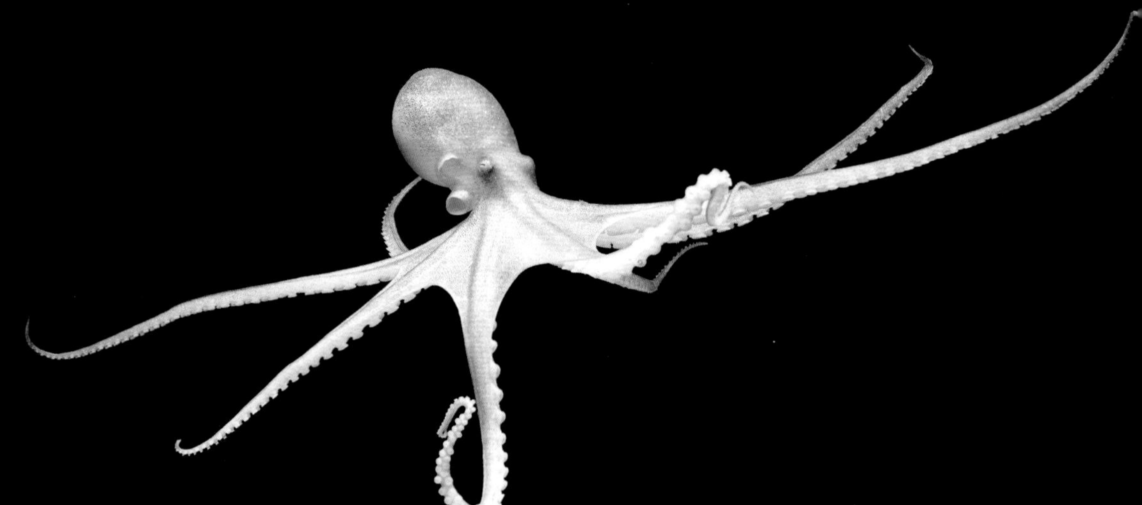

## / 短蛸 /

*Amphioctopus fangsiao* (d'Orbigny, 1839-1841)

营底栖生活。胴部卵圆形，体表具很多近圆形颗粒，在第 2 对和第 3 对腕之间，各生有 1 个近椭圆形的大金圈，圈径与眼径相近。背面两眼间生有 1 个明显的近纺锤形的浅色斑。

## / 小红须丽蛸 /

*Callistoctopus xiaohongxu* X. D. Zheng, C. X. Xu & J. H. Li, 2022

营底栖生活，多栖息于泥底。胴部长卵形，体表光滑，呈淡橘红色。

# / 红蛸 /

*Callistoctopus luteus* (Sasaki, 1929)

栖息于碎石和礁石水域。

体卵圆形，末端尖。

外套背部具细波纹及不同大小的疣突。

体棕红色，背部颜色较深，外套背部、头部、腕和腕间膜夹杂着不规则的白色斑点。

## / 长蛸 /

*Octopus minor* (Sasaki, 1920)

多栖居于水深百米以内的大陆架底质细沙的浅水区。
胴部卵圆形，皮肤光滑型，体表红色素较明显。长腕型。

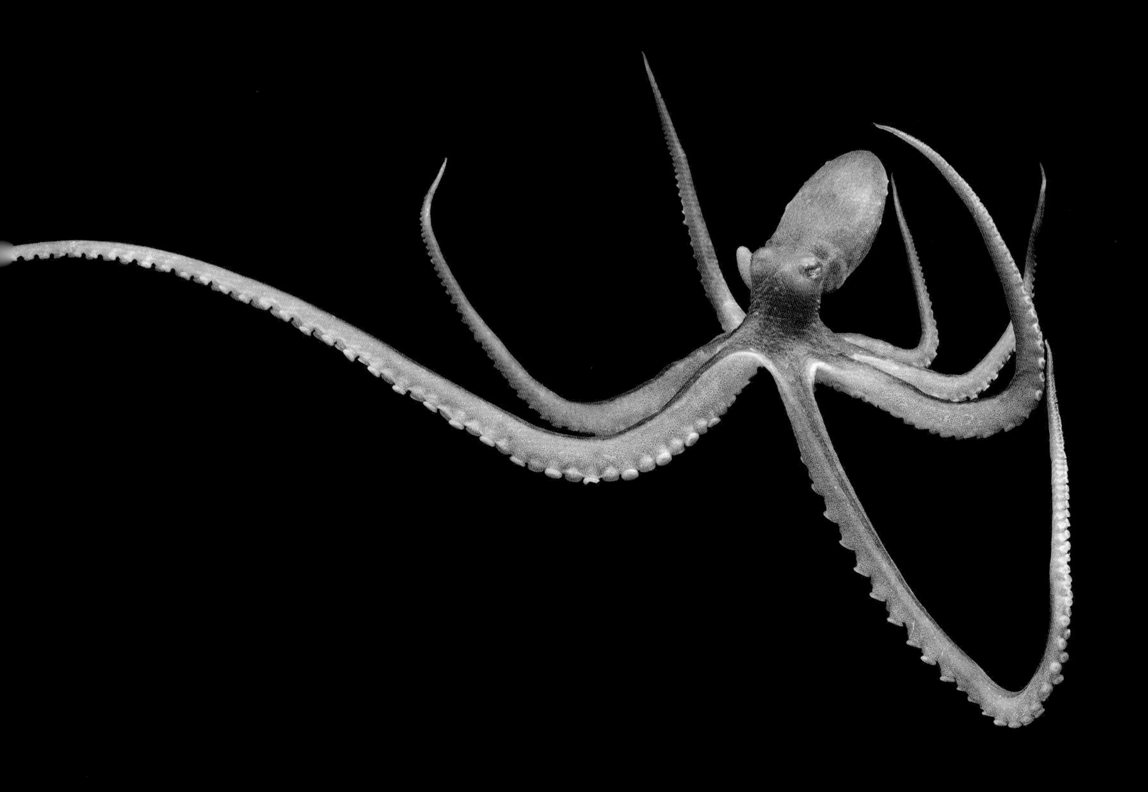

## / 柏氏四盘耳乌贼 /

*Euprymna berryi* Sasaki, 1929

栖息于浅海，营底栖生活。胴部圆袋形，体表具很多色素点斑，紫褐色素明显。肉鳍略近圆形，位于胴部两侧中部，状如“两耳”。

软体动物门｜Mollusca
头足纲｜Cephalopoda
后耳乌贼科｜Sepiadariidae

## / 后耳乌贼 /

*Sepiadarium kochii* Steenstrup, 1881

栖息于浅海，营底栖生活。体橘色，胴部圆袋形。

软体动物门 | Mollusca 头足纲 | Cephalopoda 乌贼科 | Sepiidae

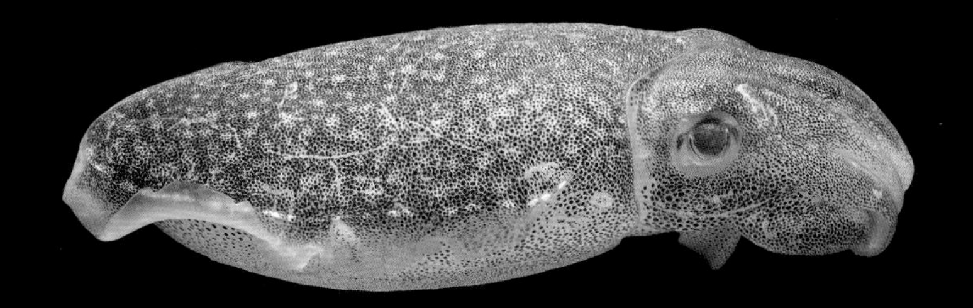

## / 曼氏无针乌贼 /

*Sepiella maindroni* Rochebrune, 1884

胴部卵圆形，胴背白花斑明显。
肉鳍前端较狭，向后端渐宽。
内壳长椭圆形，横纹面水波状，后端无骨针。
每年春夏之际，从深水海区向近岸浅水处进行产卵洄游。

软体动物门 | Mollusca 头足纲 | Cephalopoda 枪乌贼科 | Loliginidae

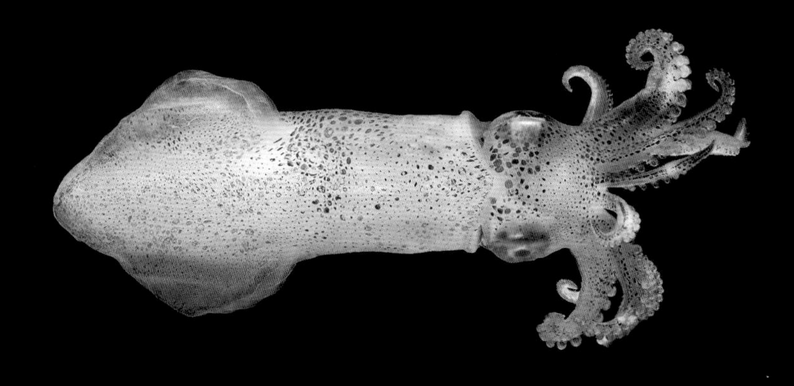

## / 火枪乌贼 /

*Loliolus beka* (Sasaki, 1929)

胴部略呈圆锥形，后端钝圆，两鳍相接略呈纵菱形。内壳几丁质，呈披针叶形。

软体动物门 | Mollusca 多板纲 | Polyplacophora 毛肤石鳖科 | Acanthochitonidae

## / 红条毛肤石鳖 /

*Acanthochitona rubrolineata* (Lischke, 1873)

栖息于岩石岸的潮间带中、低潮区的石隙间或空的贝壳内。体长卵圆形，呈暗绿色，环带较宽，表面密生棒状棘刺。

软体动物门 | Mollusca
多板纲 | Polyplacophora
石鳖科 | Chitonidae

## / 琉球花棘石鳖 /

*Acanthopleura loochooana* (Broderip & G. B. Sowerby I, 1829)

栖息于潮间带中、低潮区的岩石上。壳板呈褐色，环带具有粗而短的石灰质的棘。

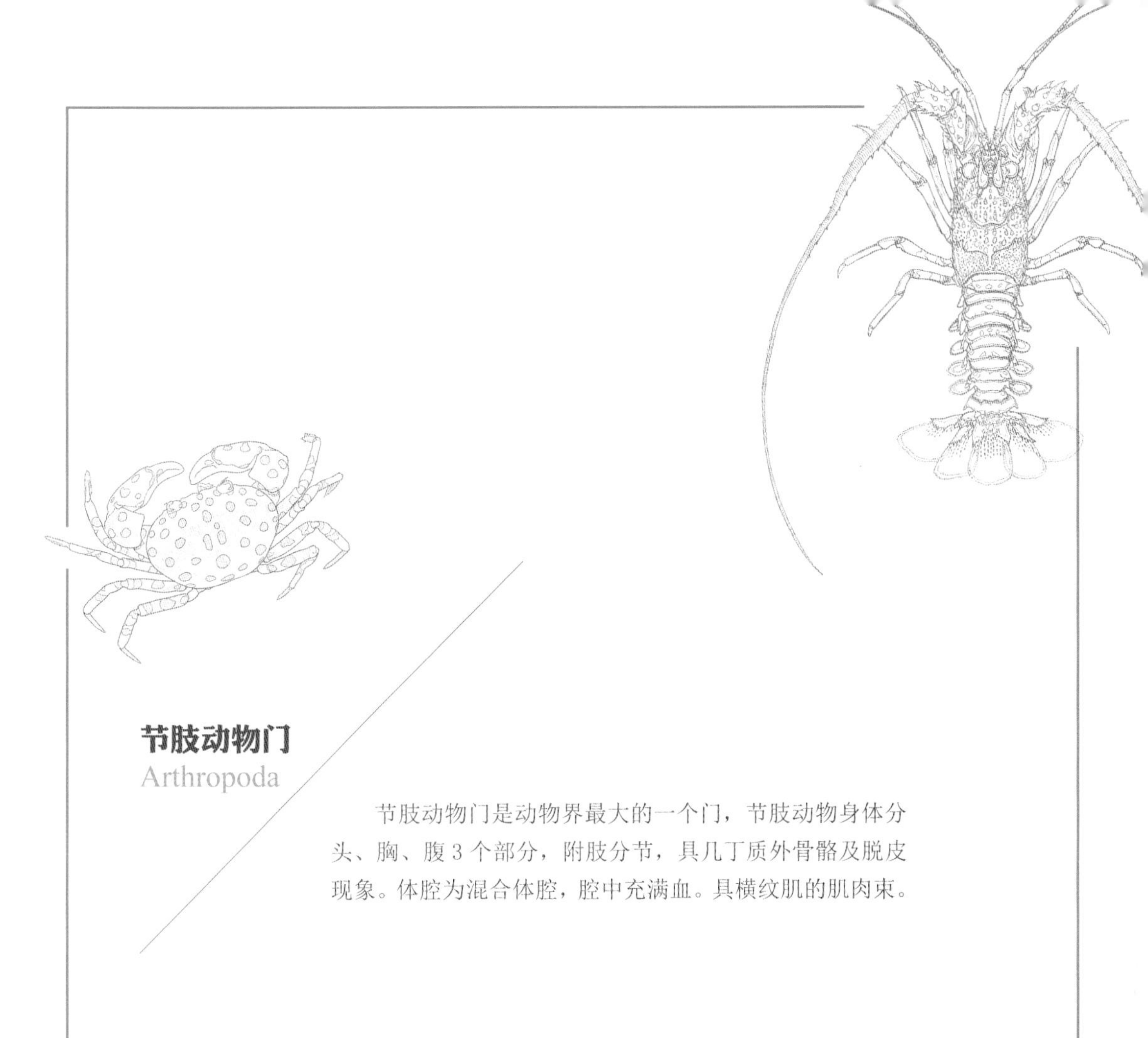

## 节肢动物门

Arthropoda

节肢动物门是动物界最大的一个门，节肢动物身体分头、胸、腹3个部分，附肢分节，具几丁质外骨骼及脱皮现象。体腔为混合体腔，腔中充满血。具横纹肌的肌肉束。

节肢动物门 | Arthropoda 鞘甲纲 | Thecostraca 指茗荷目 | Pollicipedomorpha 茗荷科 | Pollicipedidae

## / 龟足 /

*Capitulum mitella* (Linnaeus, 1758)

分布于海浪冲击很大的沿岸高潮区，常用柄部固着于岩石隙缝中，常密集成群。雌雄同体。体分头状部与柄部。头状部呈淡黄绿色，由 8 块大的主要壳板及基部约 24 片小型壳板构成。柄部软，呈黄褐色，外表被有细小的石灰质鳞片，排列紧密。

节肢动物门 | Arthropoda 鞘甲纲 | Thecostraca 铠茗荷目 | Scalpellomorpha 花茗荷科 | Poecilasmatidae

## / 斧板茗荷 /

*Octolasmis warwicki* Gray, 1825

通常附着在蟹类、龙虾及鲎上。体扁平，头部呈不规则卵圆形，侧扁，淡黄色。柄部圆柱状。

## / 日本笠藤壶 /

*Tetraclita japonica* (Pilsbry, 1916)

附着在潮间带天然岩礁上。石灰质的外壳圆锥形，呈鼠灰色到灰紫色，表面有多数较粗的短纵肋。在壳内中央顶端为成对的可动的背板与楯板，背板与楯板有裂缝状开口，蔓肢由此伸出。

## 日本齿指虾蛄

*Odontodactylus japonicus* (De Haan, 1844)

栖息于近海沙、泥或贝壳底质海底。雄性个体背部甲壳主要呈粉橙色或红褐色，雌性个体背部后半部分的甲壳呈青绿色。

## / 日本猛虾蛄 /

*Harpiosquilla japonica* Manning, 1969

全身体色为浅灰色，尾柄中间脊与尾柄主齿为绿色，尾柄中央脊前端的两侧具有圆形黑色斑块，尾肢外肢末节仅内缘具深黑色。

## / 拉氏绿虾蛄 /

*Clorida latreillei* Eydoux & Souleyet, 1842

体背面光滑。眼小，柄膨大，呈梨形。头胸甲后部宽大无中央脊，前侧角成锐刺，前 5 个腹节有亚中央脊。

## / 伍氏平虾蛄 /

*Erugosquilla woodmasoni* (Kemp, 1911)

全身为浅灰绿色，尾肢外肢为蓝色，第 1 触角柄为红色到褐紫红色。

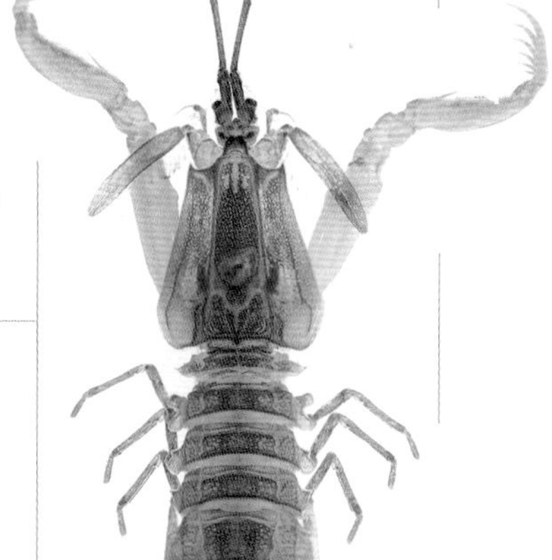

## / 窝纹网虾蛄 /

*Dictyosquilla foveolata* (Wood-Mason, 1895)

背面呈灰紫色，头胸甲、腹部的背面均密布小的凹陷而成粗糙的网状纹。

## / 断脊口虾蛄 /

*Oratosquillina interrupta* (Kemp, 1911)

体背浅橄榄绿色，尾柄的中央脊具有1个褐色圆点，基刺尖呈红色，尾肢外肢黄色。

## / 蝎形拟绿虾蛄 /

*Cloridopsis scorpio* (Latreille, 1828)

体色为浅棕色。第 5 胸节有单一粗大的侧突起，曲向前侧方，基部有黑斑。

## / 全叉三宅虾蛄 /

*Miyakea holoschista* (Kemp, 1911)

体浅灰色，头胸甲中央脊的前端分叉平行，后端延伸至头胸甲末缘。第 2 及第 5 腹节背面具明显黑斑。尾肢基节及指节黄色。

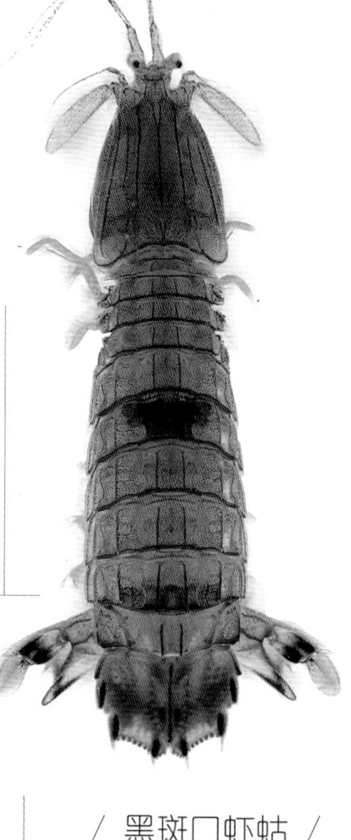

## / 黑斑口虾蛄 /

*Oratosquilla kempi* (Schmitt, 1931)

第 2 及第 5 腹节背中部各具 1 个黑斑纹，尾肢的外肢第 2 节的后部也具黑斑。捕肢长节的前下角不尖锐且圆钝。

## / 口虾蛄 /

*Oratosquilla oratoria* (De Haan, 1844)

体节后缘为暗绿色。尾节中央脊和尾节中间齿为深棕色，中间齿末端红色。尾肢末端刺为红色，尾肢外肢末节为黄色，内侧边缘为黑色。

## / 脊条褶虾蛄 /

*Lophosquilla costata* (De Haan, 1844)

头胸甲较长，头胸甲的中央脊在前端分叉处不中断，前侧角成锐刺。第 5 至第 8 胸节和各腹节及尾节，都密布纵行脊起及长短不等的颗粒状突起。

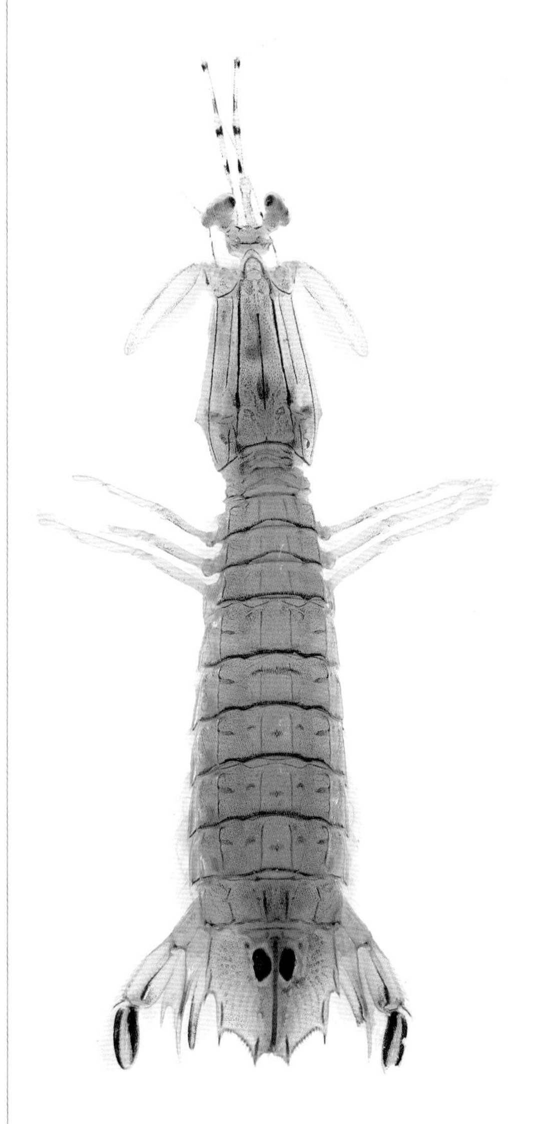

## / 眼斑猛虾蛄 /

*Harpiosquilla annandalei* (Kemp, 1911)

体淡灰色，尾节的中央脊的前部两侧各具 1 个卵圆形大黑斑。尾肢外肢末节边缘黑色。

## / 鳞鸭岩瓷蟹 /

*Petrolisthes boscii* (Audouin, 1826)

栖息在潮间带的砾石底下。身体极为扁平，触角长。头胸甲前端三角形，呈朱红色。两螯足相等，长节内缘有长齿。腕节内缘有 5 锯齿，后缘远端有 3 尖刺。螯足及步足布满鳞状突。

## / 三叶小瓷蟹 /

*Porcellanella triloba* White, 1851

栖息于海鳃叶片间，体呈乳白色，
头胸甲及螯足表面具褐色圆形斑纹。

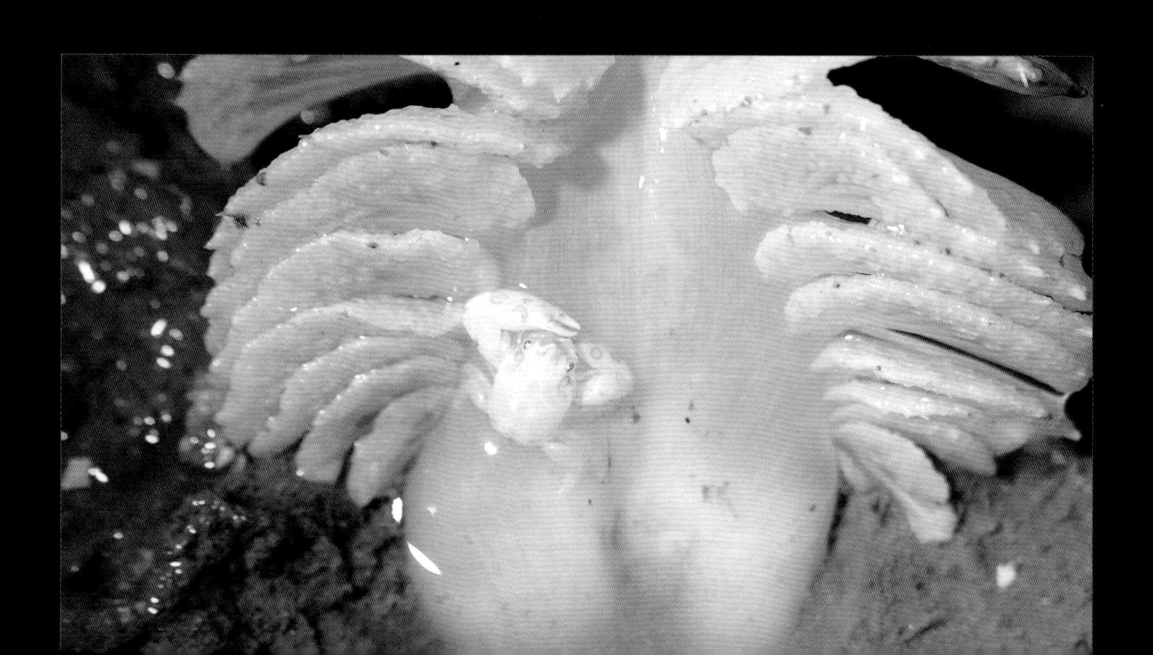

/ 大红岩瓷蟹 /

*Petrolisthes coccineus* (Owen, 1839)

栖息在潮间带岩石隙缝中，伸出口部网状的刚毛捕捉水中的有机物。身体极为扁平，触角长。全身呈深红色，头胸甲侧面具蓝色条纹。

## / 锯额豆瓷蟹 /

*Pisidia serratifrons* (Stimpson, 1858)

栖息在潮间带中潮区、内湾海底，或在船底附着动物及海藻间隙。身体极为扁平，触角长。

## / 日本岩瓷蟹 /

*Petrolisthes japonicus* (De Haan, 1849)

栖息在潮间带的砾石底下。身体极为扁平，触角长。全身呈褐色或蓝褐色，有时散布着不规则的青色小点及稀疏的细毛。

## / 短身大眼蟹 /

*Macrophthalmus* (*Macrophthalmus*) *abbreviatus* Manning & Holthuis, 1981

栖息于沙质的泥沙海岸、红树林沼泽区与河口的中、低潮区平坦积水沙质较多的滩地。头胸甲呈横矩形，侧面密生软毛，背面有颗粒，有 2 条横向的沟纹，前侧缘具 3 齿，第 3 齿较小。身体呈土棕色，密布褐色杂斑。眼柄细长，呈淡蓝色。雄蟹螯脚外侧面上下缘和中央各列生大小不一的橘黄色棘粒。

## / 万岁大眼蟹 /

*Macrophthalmus* (*Mareotis*) *banzai* Wada & Sakai, 1989

穴居于低潮区的泥沙滩上。头胸甲近长方形，全身呈土褐色。眼窝长，眼柄呈细长形。外眼窝齿呈三角形，外扩。

## / 绒毛大眼蟹 /

*Macrophthalmus* (*Mareotis*) *tomentosus* Eydoux & Souleyet, 1842

穴居于低潮区的泥沙滩上。头胸甲近长方形，表面具颗粒及软毛，分区明显。眼窝宽，眼柄细长。外眼窝齿呈三角形，内收。前侧缘具有 2 齿，外眼窝齿与前侧缘的第 1 齿间隔有较深的缺刻，末齿很小。

## / 拉氏原大眼蟹 /

*Venitus latreillei* (Desmarest, 1822)

穴居于低潮区的泥沙滩上。头胸甲横长方形，表面密具粗糙颗粒，体具绒毛。前侧缘具 4 齿，第 1 齿较宽大、三角形，第 2 齿呈较窄的三角形，第 3 齿较小呈锐三角形，末齿小，仅为突出的齿痕。

## / 单刺盾牌蟹 /

*Percnon guinotae* Crosnier, 1965

栖息于岩石滩低潮区的石块下或石缝中。头胸甲黑褐色至棕绿色，略呈四方形，中央有1条纵向的淡色条纹。步足长节具有2条褐色的横斑，远端关节呈紫褐色，前节的前端和指尖均呈黄色，前节的中间部分和指节的后半部均呈黑褐色。

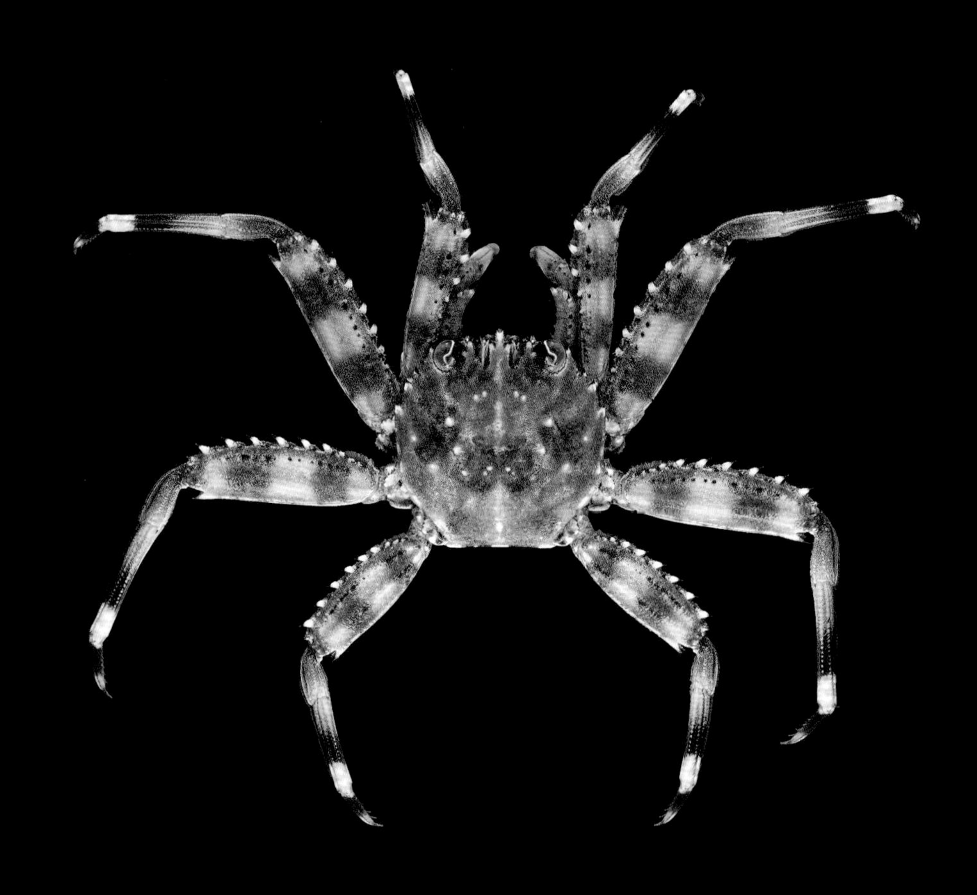

## / 肉球近方蟹 /

*Hemigrapsus sanguineus* (De Haan, 1835)

栖息于岩礁海岸的潮间带中下部与河口或泥沙海岸的砾石区。头胸甲略呈圆角的倒梯形，宽稍大于长，前侧缘含眼窝外齿共有 3 齿，前两齿近等大，第 3 齿最小。头胸甲呈黄绿色、黄棕色至棕褐色，散布着许多黑褐色至暗红色的细纹和细点。螯足与步足呈黄棕色至紫红色，密布紫褐色的小点和斑纹。雄性两指基部之间具一球形膜泡。

## / 四齿大额蟹 /

*Metopograpsus quadridentatus* Stimpson, 1858

栖息在低潮线的岩石缝中或石块下。头胸甲呈近方形，前半部较后半部稍宽。第 2 触角完全与眼窝相隔，前侧缘在眼窝角后具 1 个小锐齿。

## / 隆背张口蟹 /

*Chasmagnathus convexus* (De Haan, 1835)

栖息于河口附近的沼泽地区，穴居生活。头胸甲呈横宽长方形，额前缘下弯，中央低凹。前侧缘具有 3 齿，呈宽三角形板状，齿间缺刻明显。整体呈紫色，螯指色趋淡白。

## / 狭颚新绒螯蟹 /

*Neoeriocheir leptognathus* (Rathbun, 1913)

栖息于积有海水的泥坑中，或在河口的泥滩上。头胸甲呈圆方形，表面平滑，具小凹点。肝区低平，中鳃区具 1 条颗粒隆线，向后方斜行。

## / 隆线强蟹 /

*Eucrate crenata* (De Haan, 1835)

栖息于近海泥沙质海底上，也藏匿在低潮区的石块下。头胸甲呈近圆方形，前半部较后半部宽，两侧多有深红色小斑点和小颗粒。

## / 平背蜞 /

*Gaetice depressus* (De Haan, 1833)

栖息于低潮线的石块下。头胸甲扁平，表面光滑，前半部较后半部为宽。体呈棕绿色、紫褐色、黑褐色至黄棕色，具有许多黑褐色或淡色的细纹和细点，小个体大都呈白色，颜色变化很大。

## / 侧足厚蟹 /

*Helice latimera* Parisi, 1918

穴居于河口的泥滩或通海河流的泥岸上。头胸甲呈四方形。螯足光滑无毛，步足具稀疏绒毛。

## / 游氏弓蟹 /

*Varuna yui* Hwang & Takeda, 1986

栖息于河口地区。体褐色，扁平，头胸甲呈方形。胃、心区被一个“H”形沟分开。

## / 伍氏拟厚蟹 /

*Helicana wuana* (Rathbun, 1931)

穴居于泥滩或泥岸上。头胸甲近方形，甲面具有细凹点及短刚毛。外眼窝齿呈三角形，指向前方。头胸甲侧缘向后略显分离，有 3 个齿。螯足掌面光滑，步足腕节、前节前缘长有浓密绒毛。

节肢动物门 | Arthropoda 软甲纲 | Malacostraca 十足目 | Decapoda 关公蟹科 | Dorippidae

## / 熟练新关公蟹 /

*Neodorippe callida* (Fabricius, 1798)

生活于沿海浅水中。体型小。常用末端两对步足钩住树叶海草及漂浮物进行伪装。

## / 疣面关公蟹 /

*Dorippe frascone* (Herbst, 1758)

栖息于泥、沙质浅海底。头胸甲的长度与宽度约相等，全身除螯足及前两对步足的掌、指节外，均具浓密的短刚毛。背面分区明显，具疣状突起 16 ~ 17 个，心、肠区具 1 个“Y”形突起。后两对步足特化，常将海胆背在身上。

## / 颗粒拟关公蟹 /

*Paradorippe granulata* (De Haan, 1841)

栖息于浅海泥沙、贝壳沙海底。头胸甲表面具颗粒，鳃区颗粒更甚。螯足除两指外，表面均有颗粒。步足除指节外，表面均具颗粒。有背负贝壳习性，置于背上以掩护。

## / 伪装仿关公蟹 /

*Dorippoides facchino* (Herbst, 1758)

栖息于近岸底质为粗沙或沙质泥海底。头胸甲宽而短，中部扁平，侧面和后部甚凸。额宽，中央具1个“V”形缺刻。内眼窝齿钝圆，外眼窝齿锐长，腹眼窝齿也锐长，但突出于额齿的末端。常用末端两对步足钩住伸展蟹海葵 *Cancrisocia expansa* Stimpson, 1856 置于背部，用来伪装保护自己。

节肢动物门 | Arthropoda 软甲纲 | Malacostraca 十足目 | Decapoda 虎头蟹科 | Orithyiidae

## / 中华虎头蟹 /

*Orithyia sinica* (Linnaeus, 1771)

栖息于浅海泥沙底。头胸甲呈长卵圆形，为褐黄色，多具疣状突起，鳃区各具1枚紫红色圆斑。螯步足带虎斑条纹。

# / 短指和尚蟹 /

*Mictyris brevidactylus* Stimpson, 1858

栖息于海湾的沙岸、河口红树林与沼泽区的沙质底潮间带沙土的地道中。

退潮时出来滤食沙泥中的有机碎屑、土壤有机质和藻类。

头胸甲呈球形，呈灰青色至蓝紫色。

螯足与步足为乳白色至黄棕色，步足的长节的后半部与头胸甲相接处呈红色至红褐色。

## / 显著琼娜蟹 /

*Jonas distinctus* (De Haan, 1835)

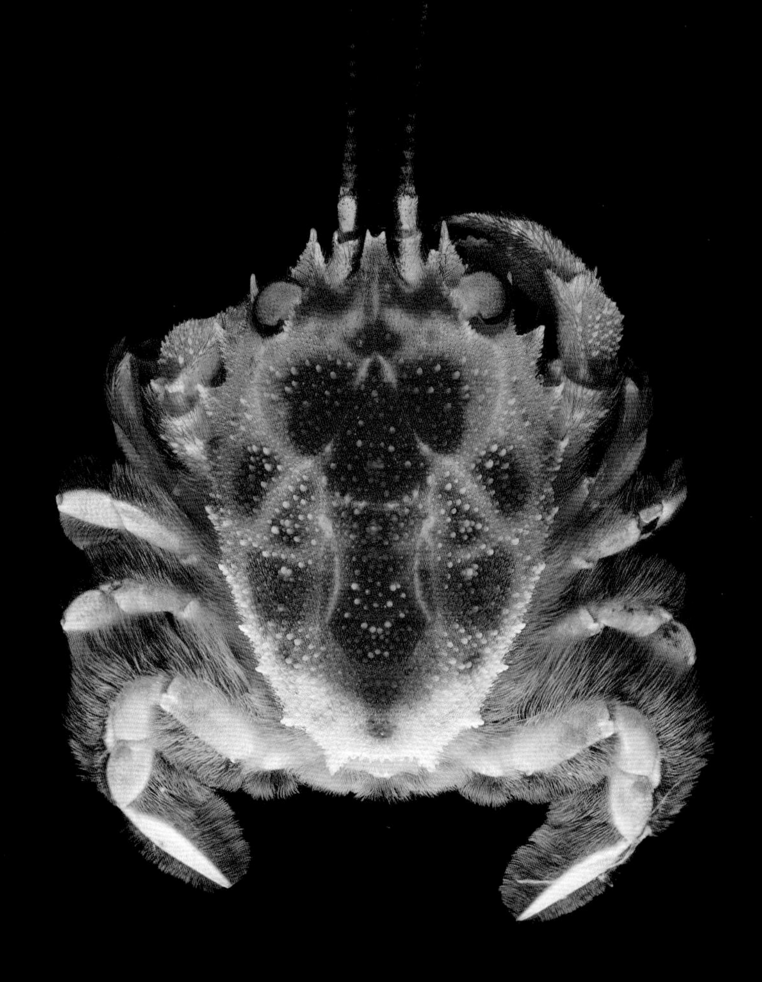

栖息于浅海的沙质或泥沙质海底。

头胸甲呈椭圆形，表面密聚颗粒和绒毛。

螯足短，密盖刚毛。

最后一对步足的指节窄长而扁平，其状如桨。

## / 痕掌沙蟹 /

*Ocypode stimpsoni* (Ortmann, 1897)

穴居于低潮区的泥沙滩上，退潮后活动。在洞口附近觅食，以双螯挖取沙团送入口中，有机碎屑被筛出，并留下粒状拟粪。头胸甲球状，眼柄很长，眼窝大。体色与沙色相同，密布浅色斑。

## / 拟屠氏管招潮 /

*Tubuca paradussumieri* (Bott, 1973)

栖息在较为泥泞的河口沼泽、海湾及红树林泥滩地。头胸甲灰褐色，呈梯形，前宽后窄。额窄，眼眶宽，眼柄细长。两指窄长，不动指的内缘基部 2/5 处具一齿突。

## / 弧边管招潮 /

*Tubuca arcuata* (De Haan, 1835)

栖息在较为泥泞的河口沼泽、海湾及红树林泥滩地。头胸前部甚宽于腹部，背缘中部呈圆弧凸起而向后斜，大都有黑色至褐色的网纹，两侧常带红色，颜色多变。眼柄细长，淡土棕色。雄蟹的大螯较大，掌部外侧呈红色至橘黄色，两指呈白色。

## / 红线黎明蟹 /

*Matuta planipes* Fabricius, 1798

栖息于潮间带或潮下带泥沙、沙或贝壳沙质海底。头胸甲近圆形，体呈浅黄绿色，背面布满了紫红色的不规则的线圈状花纹。前侧缘具不等大的齿状突起，侧刺壮而尖。螯足强壮，步足桨状。

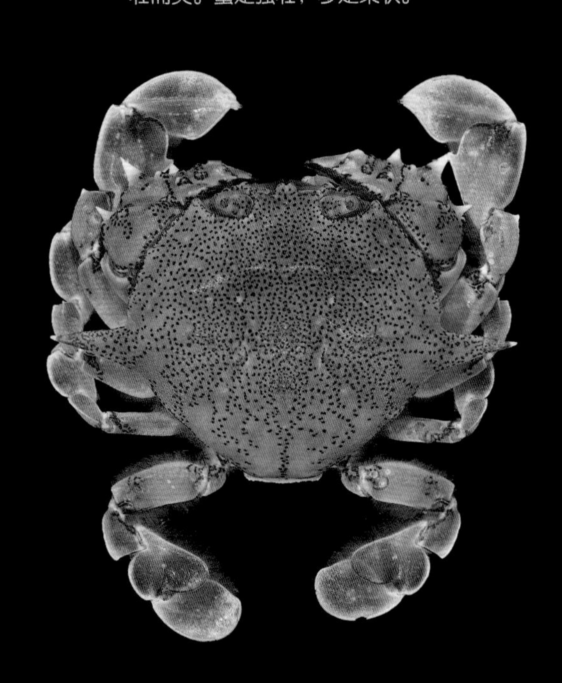

## / 胜利黎明蟹 /

*Matuta victor* (Fabricius, 1781)

栖息于潮间带或潮下带泥沙、沙或贝壳沙质海底。头胸甲近圆形，呈黄棕色、黄绿色至淡棕色，密布许多紫红色至黑褐色的沙粒状小点，步脚黄棕至黄绿色，关节附近也有一些深色的小点。

## / 环状隐足蟹 /

*Cryptopodia fornicata* (Fabricius, 1787)

栖息于浅海沙质或贝壳沙海底。头胸甲呈薄片状，两侧扩张，将全部步足覆盖。额部突出，呈三角形。螯足强大，不对称，各节呈三棱形，边缘薄而锐。

## / 锯缘武装紧握蟹 /

*Enoplolambrus laciniatus* (De Haan, 1839)

栖息于近海泥沙质或贝壳沙海底。头胸甲近椭圆形。螯足壮大，长节呈三棱形。体型较强壮武装紧握蟹更小。

## / 强壮武装紧握蟹 /

*Enoplolambrus validus* (De Haan, 1837)

栖息于近海海底。头胸甲呈菱角形，额部突出呈三角形。螯足壮大，长节呈三棱形。体型较锯缘武装紧握蟹大。

## / 肝叶馒头蟹 /

*Calappa hepatica* (Linnaeus, 1758)

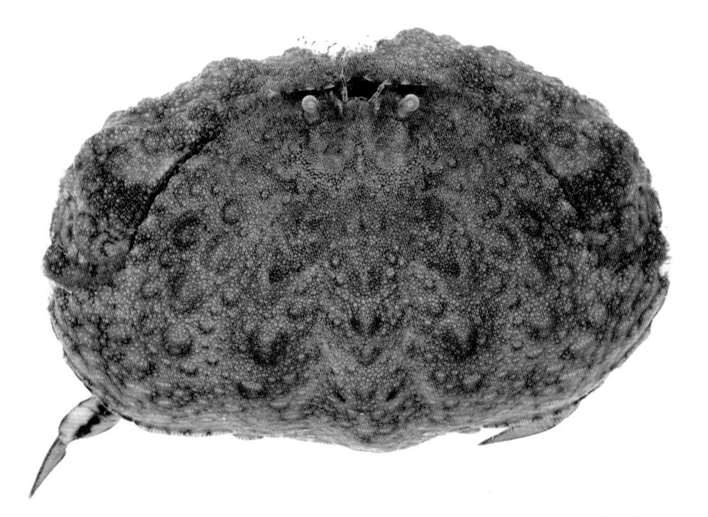

栖息于沙质或有贝壳沉积的海底。头胸甲宽，表面具 7 个纵列的疣状突起，密集分布颗粒及横状波纹。

## / 逍遥馒头蟹 /

*Calappa philargius* (Linnaeus, 1758)

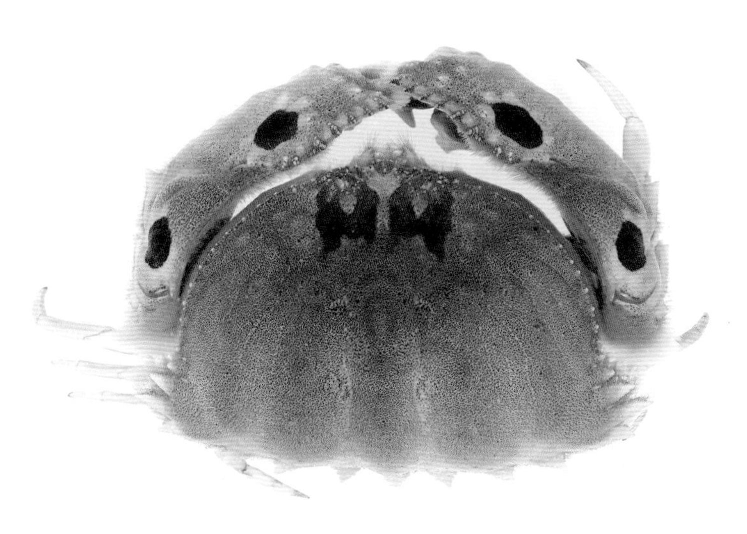

栖息于近海泥质沙、沙质泥或贝壳沙海底。头胸甲很宽，背部隆起，后缘及后侧缘共具 15 枚三角锐棘。螯足粗壮，稍不对称，右大于左，长节呈倒三角形。眼窝区具 1 个半环状紫红的色斑，螯足腕节基部及掌节背缘基部各具 1 块红色圆斑。

节肢动物门 | Arthropoda
软甲纲 | Malacostraca
十足目 | Decapoda
绵蟹科 | Dromiidae

## / 阿特拉斯平壳蟹 /

*Conchoecetes atlas* McLay & Naruse, 2019

多栖息于浅海泥底。体扁平，近五角形。前两对步足大小相近，第 3 对步足较短，指节呈钩爪状，第 4 对步足最为短小，指节亦呈钩爪状。常用最后两对步足执握海绵置于背部以掩护自己。

## / 德汉劳绵蟹 /

*Lauridromia dehaani* (Rathbun, 1923)

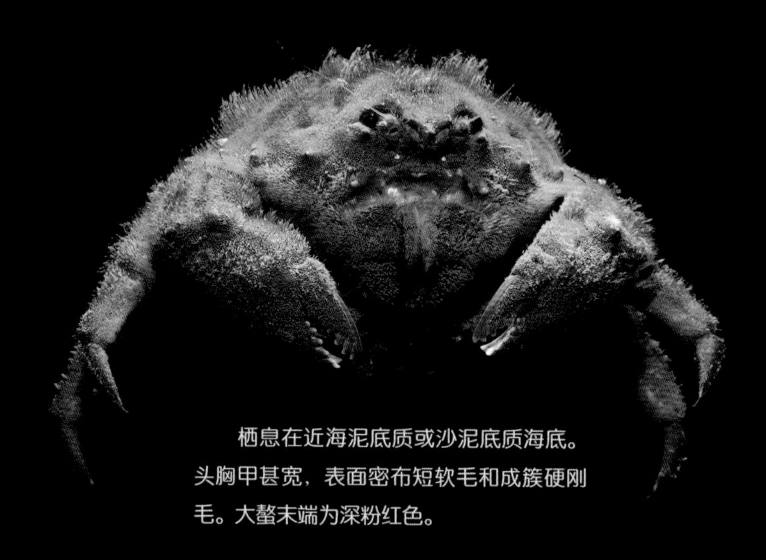

栖息在近海泥底质或沙泥底质海底。头胸甲甚宽，表面密布短软毛和成簇硬刚毛。大螯末端为深粉红色。

# / 谭氏泥蟹 /

*Ilyoplax deschampsi* (Rathbun,1913)

栖息于沿海河口的泥滩上。体型小。眼窝宽而深，外眼窝角钝三角形。

## / 韦氏毛带蟹 /

*Dotilla wichmanni* De Man, 1892

穴居于低潮线的泥沙滩上，退潮后活动。头胸部很厚，背面隆起，表面光滑。

节肢动物门 | Arthropoda
软甲纲 | Malacostraca
十足目 | Decapoda
尖头蟹科 | Inachidae

## / 钝额曲毛蟹 /

*Camposcia retusa* (Latreille, 1829)

栖息于近海岩石及水草底。头胸甲略呈梨形，身体呈褐色。夜行性，行动缓慢而迟钝，会利用生活环境中的海绵、海鞘、藻类、贝壳、沙砾等附着在自己身上以伪装。

## / 整洁银杏蟹 /

*Actaea pura* Stimpson, 1858

栖息于潮间带岩石缝中或石块下。头胸甲呈横卵圆形，表面布满颗粒突起。

## / 粗糙鳞斑蟹 /

*Demania scaberrima* (Walker, 1887)

栖息于浅海岩石及沙质海底。头胸甲六角形，表面具鳞状颗粒。螯足对称，背面、侧面具鳞状颗粒。步足细长，除第 1、第 3 对长节前缘呈刀锋状外，其余各节前缘具锯状齿。体内可能含有神经性毒素。

## / 绣花脊熟若蟹 /

*Lophozozymus pictor* (Fabricius, 1798)

栖息于低潮区至浅海的岩石底或珊瑚礁丛中。头胸甲横椭圆形，表面光滑，具斑网状花纹。螯足粗壮，两指黑褐色。步足扁平，前节后缘具绒毛，指节前、后面具短绒毛。体内含有毒素。

## / 厦门近爱洁蟹 /

*Atergatopsis amoyensis* De Man, 1879

栖息于浅海泥沙底。头胸甲呈横卵圆形，表面密具细颗粒，螯足及步足表面也具颗粒。步足各节均具短绒毛及长刚毛。

## / 正直爱洁蟹 /

*Atergatis integerrimus* (Lamarck, 1818)

栖息于具岩石或石块的海底。头胸甲呈横卵圆形。全身呈红色，凹点为黄色。体内有可能富集河豚毒素。

## / 细纹爱洁蟹 /

*Atergatis reticulatus* (De Haan, 1835)

栖息于自潮间带低潮区至浅海的岩石间。体呈朱红色，头胸甲呈横卵形，表面不甚平滑。体内可能富集河豚毒素。

## / 特异大权蟹 /

*Macromedaeus distinguendus* (De Haan, 1835)

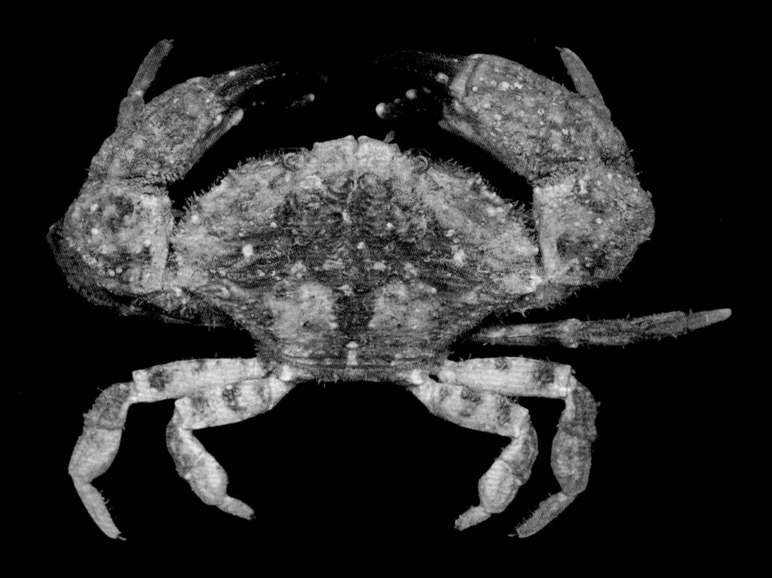

栖息于低潮区的石下或岩石缝中，有时在藻类堆积处或贝壳下。头胸甲呈横卵圆形，状似折扇。两指黑色，内缘具有大小不等的钝齿。步足短而侧扁，具颗粒，长节背缘具锯齿和刚毛。

## / 菜花银杏蟹 /

*Actaea savignyii* (H. Milne Edwards, 1834)

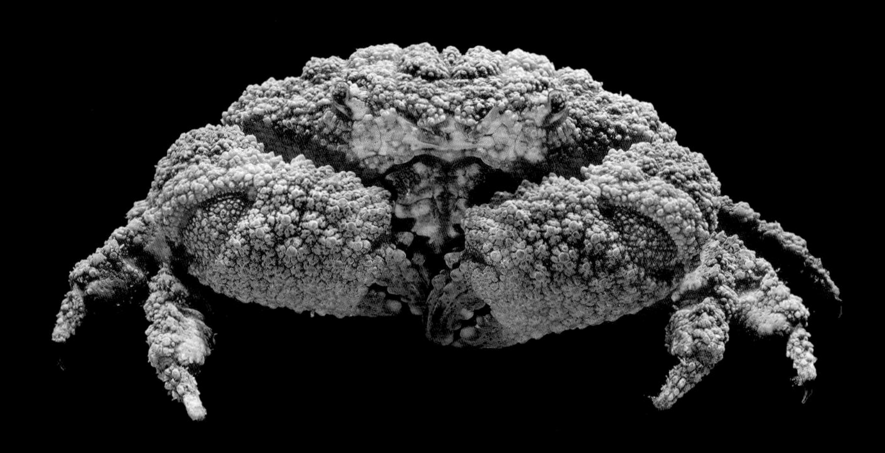

栖息于潮间带岩石缝中或石块下。头胸甲呈横卵圆形，表面颗粒如花椰菜般突起。

## / 红斑斗蟹 /

*Liagore rubromaculata* (De Haan, 1835)

栖息于浅海细沙质海底。头胸甲呈横卵形。体黄棕色或红棕色，头胸甲上红色圆斑对称分布，螯足与步足的表面具同样的红色圆斑。

节肢动物门 | Arthropoda 软甲纲 | Malacostraca 十足目 | Decapoda 静蟹科 | Galenidae

## / 双刺静蟹 /

*Galene bispinosa* (Herbst, 1783)

栖息于沙质以及泥质浅海底。头胸甲隆起，分区可辨，表面具细颗粒。头胸甲前半部灰紫色，心、肠区黑褐色，中、后鳃区黄棕色。

## / 锐齿蟳 /

*Charybdis* (*Charybdis*) *acuta* (A. MilneEdwards, 1869)

头胸甲密生短绒毛。额缘分成 6 锐齿，额齿非常尖锐，中央 2 齿较突出，前侧缘具 6 齿。

## / 近亲蟳 /

*Charybdis* (*Charybdis*) *affinis* Dana, 1852

螯足掌节末缘 2 齿很小。雄性腹部第 6 节两侧缘大部分平行。

## / 安汶蟳 /

*Charybdis* (*Charybdis*) *amboinensis* Leene, 1938

体背面呈暗红色至粉红色，头胸甲表面密生短软毛。螯足背面具有珠状颗粒，掌部腹面具鳞状颗粒。

## / 日本蟳 /

*Charybdis* (*Charybdis*) *japonica* (A. Milne-Edwards, 1861)

头胸甲密布绒毛。额缘有 6 齿，中央 2 齿圆钝且较突出。螯足掌节上具有 5 刺。

## / 锈斑蟳 /

*Charybdis* (*Charybdis*) *feriata* (Linnaeus, 1758)

体具红褐色及暗色斑纹，头胸甲表面具显著的黄色十字色斑。螯足的掌节较隆肿。

## / 晶莹蟳 /

*Charybdis* (*Charybdis*) *lucifera* (Fabricius, 1798)

体背面呈黄棕色带紫色，腹面白色。头胸甲两侧鳃区各有1对内大外小的淡黄色斑块。

## / 武士蟳 /

*Charybdis* (*Charybdis*) *miles* (De Haan, 1835)

头胸甲呈六角形，
前半部具 3 条中央段不连续的
横行颗粒隆脊。
额缘分 6 锐齿。
前侧缘具 6 齿，
第 1 齿略有凹刻。
螯足掌面的腹面鳞片状。

## / 相模蟳 /

*Charybdis* (*Charybdis*) *sagamiensis* Parisi, 1916

体色与花纹与武士蟳类似，
头胸甲表面较武士蟳光滑，
前侧缘末齿较长。
前侧缘具 6 齿，
第 1 齿略有凹刻。
螯足掌面的腹面鳞片状。

## / 颗粒蟳 /

*Charybdis (Charybdis) granulata* (De Haan, 1833)

头胸甲背面绒毛不均匀且粗糙。螯足密布紫色颗粒。雄性腹部第 6 节两侧外凸，末端圆形。

## / 善泳蟳 /

*Charybdis (Charybdis) natator* (Herbst, 1794)

头胸甲背面密生短软毛，前侧区具粗糙颗粒，前半部具 3 条中央部分中断的横行颗粒隆脊。背面呈软毛棕色，颗粒隆脊淡红色，螯足内侧宝蓝色。

## / 细足钝额蟹 /

*Carupa tenuipes* Dana, 1852

栖息于潮间带及浅海海底。头胸甲横椭圆形，体表光滑，体呈深红色。

## / 看守长眼蟹 /

*Podophthalmus vigil* (Fabricius,1798)

栖息于有水草的沙、泥质浅海底。头胸甲近梯形，前宽后窄。眼窝很宽，几乎占据了整个头胸甲的前缘，眼柄细长，眼可达外眼窝角的基部。头胸甲前半部为暗褐色，螯足可动指与掌节下缘呈紫红色。

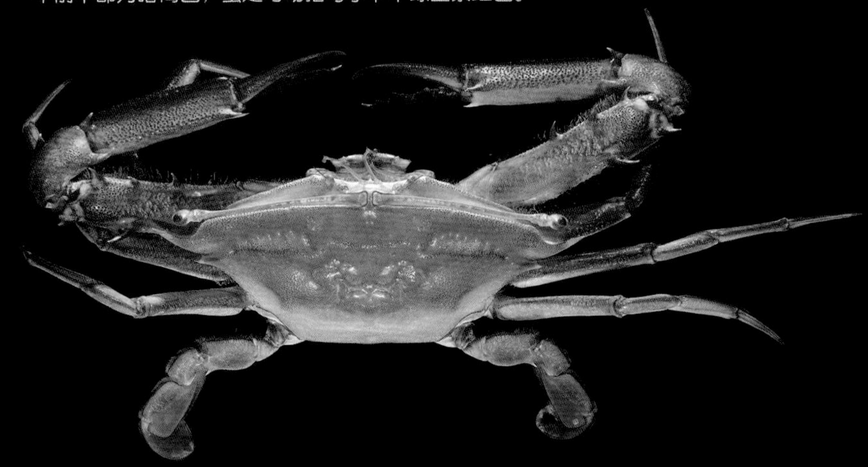

## / 拥剑单梭蟹 /

*Monomia gladiator* (Fabricius,1798)

栖息于浅海泥沙质海底。头胸甲扁平，呈梭子状，表面具有许多细绒毛及隆起。头胸甲与步足均呈淡棕色至橘红色，具有许多红色小点与线纹。泳肢的前节末端具有1个紫红色斑点，指节后1/3 呈紫红色。

## / 双额短桨蟹 /

*Thalamita sima* H. Milne Edwards, 1834

栖息于潮间带岩礁、泥滩石块边及浅海沙泥质海底。体呈橘红色，头胸甲密生短毛。头胸甲及螯足间杂墨绿、黑色及淡色斑块，螯足背面覆有鳞形颗粒。

## / 红星梭子蟹 /

*Portunus sanguinolentus* (Herbst, 1783)

栖息于近海泥沙质海底。头胸甲呈梭形，表面具 3 个暗色圆形斑块。

## / 三疣梭子蟹 /

*Portunus trituberculatus* (Miers, 1876)

栖息于近海泥沙质海底。头胸甲背面有 3 个明显的疣状凸起。

## / 拟穴青蟹 /

*Scylla paramamosain* Estampador, 1950

栖息于泥滩海域。头胸甲淡青绿色，螯足及泳足无明显网状花纹。

## / 远海梭子蟹 /

*Portunus pelagicus* (Linnaeus, 1758)

栖息于近海泥质或沙质海底。头胸甲呈横卵圆形，表面分布较粗的颗粒及花白的斑纹。雄性深蓝色，雌性深紫色，均带有不规则的浅蓝色及白色斑纹。

## / 带纹化玉蟹 /

*Seulocia latirostrata* (Shen & Chen, 1978)

栖息于浅海粗沙、泥底质海底。头胸甲呈长菱形，表面隆起而光滑。体呈黄褐色，螯足两指及步足均有橘黄色斑带。

## / 红点坛玉蟹 /

*Urnalana haematosticta* (Adams in Belcher, 1848)

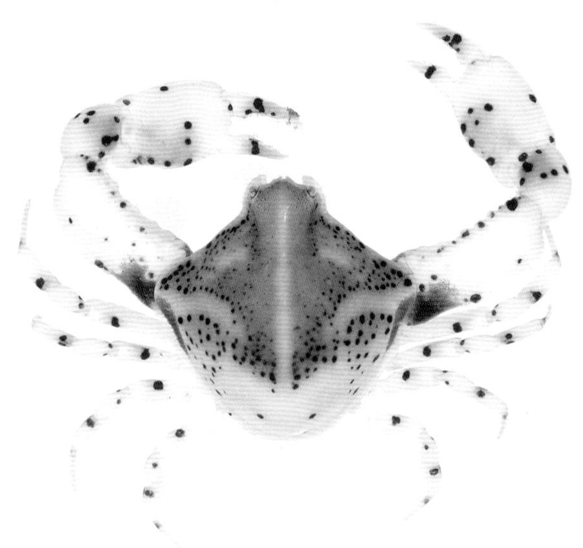

栖息于浅海沙质泥或贝壳沙底。头胸甲斜方形，步螯足具红色斑点。螯足粗壮，长节边缘有珠状颗粒。

## / 十一刺栗壳蟹 /

*Arcania undecimspinosa* De Haan, 1841

栖息于近海沙质泥或软泥质海底。头胸甲几乎呈圆形，背面隆起，密布锐颗粒。头胸甲侧缘与后缘各具 11 刺。螯足瘦长，长节呈圆柱形，微弯，表面密布颗粒。

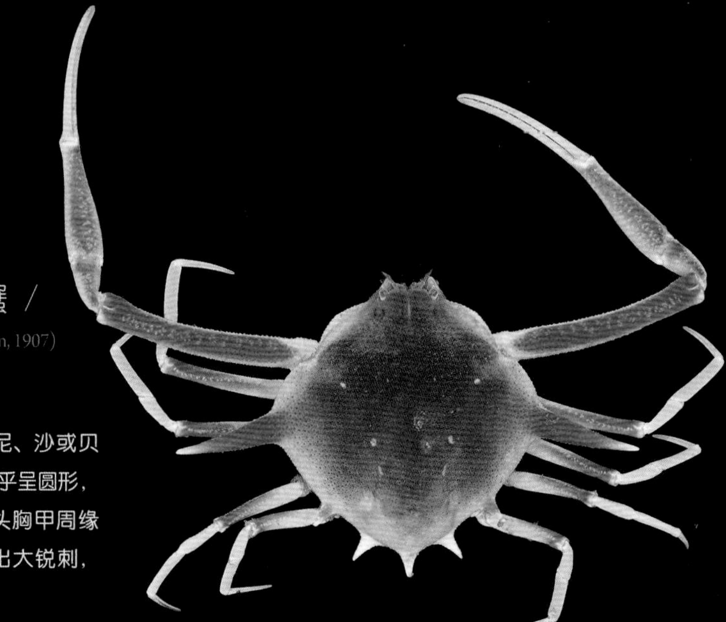

## / 七刺栗壳蟹 /

*Arcania heptacantha* (De Man, 1907)

栖息于近海的软泥、沙或贝壳细沙海底。头胸甲几乎呈圆形，表面密布细小颗粒。头胸甲周缘有 7 刺，侧缘中部突出大锐刺，略上弯。

## / 鸭额玉蟹 /

*Leucosia anatum* (Herbst, 1783)

栖息于浅海粗沙、泥质海底。头胸甲呈斜方形。额向前突出，犹如鸭嘴。体呈黄褐色，头胸甲胃区两侧各具一纵列 3 个小白斑，被 3 个半圆环包围，形如蝴蝶。心区两侧各具 1 个橘黄色圆环斑。螯足两指及步足均有橘黄色斑带。

## / 惠莲易玉蟹 /

*Coleusia huilianae* (Promdam, Nabhitabhata & Galil, 2014)

栖息于浅海泥底质海底。体呈黄褐色，头胸甲胃区具白斑，心区两侧各具 1 个橘红色圆斑。

## / 豆形肝突蟹 /

*Pyrhila pisum* (De Haan, 1841)

栖息在砾石、泥沙海岸及潮间带泥沙质积水处。头胸甲呈拳头状，在中央、两侧及边缘均有许多小颗粒。体呈青灰色、灰绿色至褐色，头胸甲中央有1道浅黄色至白色的纵带，螯足多呈红白相间，步足呈暗紫红色。

## / 隆线肝突蟹 /

*Philyra carinata* Bell, 1855

栖息于低潮线间有石块的泥沙滩。头胸甲呈圆球形，体呈棕褐色。胃区、心区和鳃区各有密集颗粒，沿胃、心区的中线上具1道显著颗粒隆线。

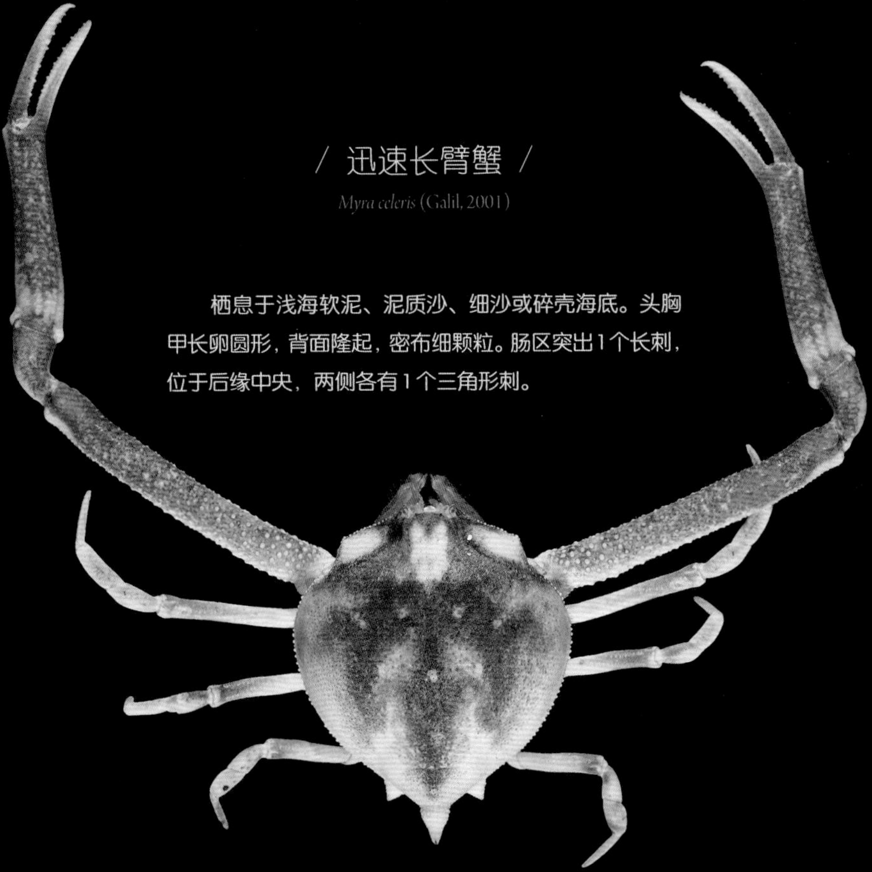

## / 迅速长臂蟹 /

*Myra celeris* (Galil, 2001)

栖息于浅海软泥、泥质沙、细沙或碎壳海底。头胸甲长卵圆形，背面隆起，密布细颗粒。肠区突出1个长刺，位于后缘中央，两侧各有1个三角形刺。

## / 小五角蟹 /

*Nursia minor* (Miers, 1879)

栖息于浅海泥沙质海底。头胸甲呈五角形，背面中部胃心区及中鳃区的隆起较高，密布粗颗粒。

## / 光辉圆扇蟹 /

*Sphaerozius nitidus* Stimpson, 1858

栖息在岩礁海岸低潮线下的岩石缝中。头胸甲宽，呈横椭圆形，光滑无毛，前后向上弯曲，前额中央有1个“V”形的凹入，分为2齿。前侧缘具有4齿，最后1齿小而尖锐。头胸甲与附肢均呈淡棕色至褐色的杂斑。

节肢动物门 | Arthropoda 软甲纲 | Malacostraca 十足目 | Decapoda 哲蟹科 | Menippidae

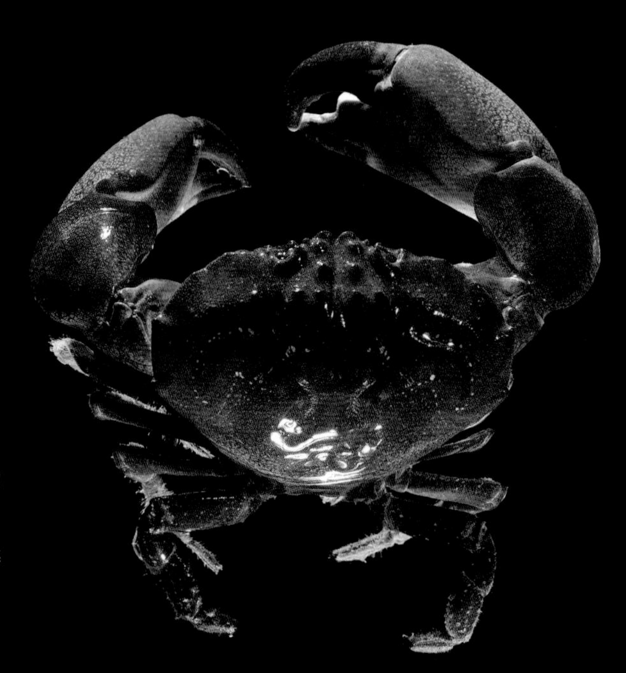

## / 破裂哲扇蟹 /

*Menippe rumphii* (Fabricius, 1798)

栖息在浅海岩石质或沙质的海底。头胸甲呈横卵圆形，表面隆起光滑。全身棕红色，并杂着不规则的网状花纹。螯足肿胀，不等称，两指黑色。

## / 长手隆背蟹 /

*Carcinoplax longimanus* (De Haan, 1833)

一般栖息于近海泥质、沙质或具贝壳质海底。头胸甲呈横卵圆形，体色呈深红色，两指末端呈白色。外眼窝角呈钝角形。

## / 泥脚毛隆背蟹 /

*Entricoplax vestita* (De Haan, 1835)

栖息于海底泥沙上。头胸甲覆有浓密的绒毛。螯足外侧面具较密的短毛，内侧面光秃。指端尖锐，可动指外侧面基半部密布短毛。步足细长，各节亦密布短毛。

## / 哈氏隆背蟹 /

*Carcinoplax haswelli* (Miers, 1884)

一般栖息于近海泥质、沙质或具贝壳质海底。头胸甲呈横卵圆形，体色呈深红色，头胸甲心区、肠区两侧呈白色。两指呈白色。前侧缘连外眼窝角共 3 齿。

## / 里氏绒球蟹 /

*Doclea rissoni* Leach, 1815

栖息于浅海砾石泥质海底。头胸甲呈菱形，表面隆起，密布短绒。毛，胃、心、肠区各具1个显著的刺形突起。

## / 沟痕绒球蟹 /

*Doclea canalifera* Stimpson, 1857

栖息于河口的泥底、近海泥滩及卵石滩上。头胸甲呈圆球状，表面隆起，密布短绒毛。体棕色，步足指节红色。

## / 双角互敬蟹 /

*Hyastenus diacanthus* (De Haan, 1839)

栖息于沙泥质或杂草海底。头胸甲呈宽三角形，表面及肢体密布绒毛。前侧缘与后侧缘的连接处各具1个尖刺，额前分出两长直角。

## / 导师互敬蟹 /

*Hyastenus ducator* BY. Lee & PKL. Ng, 2020

栖息于沙泥质或杂草海底。头胸甲呈宽三角形，全身密布绒毛。前侧缘与后侧缘的连接处各具1个尖刺，额前分出两长角，略弯曲。

## / 四齿矶蟹 /

*Pugettia quadridens* (De Haan, 1839)

栖息于浅海岩石缝中及贝壳沙、泥沙质海底。头胸甲表面密布短绒毛，并分布着大头棒形的刚毛。肝区的边缘向前后各伸出1齿，与后眼窝齿以凹陷相隔。体表常附有海藻，用以伪装。

节肢动物门 | Arthropoda 软甲纲 | Malacostraca 十足目 | Decapoda 蜘蛛蟹科 | Majidae

## / 尖刺棱蛛蟹 /

*Prismatopus aculeatus* (H. Milne Edwards, 1834)

栖息于浅海的岩石及具水草的海底。头胸甲呈梨形，背面隆起。胃区具2锐刺，心、肠区各具1长刺。鳃区具2刺，后1刺较前刺稍长。后缘中部向后突出1刺。额刺细长，向前分离。

## / 无齿东方相手蟹 /

*Orisarma dehaani* (H. MilneEdwards, 1853)

常穴居于河口的泥岸上，或在近岸的沼泽中。头胸甲呈方形，外眼窝齿呈三角形，背眼窝缘光滑。侧缘具光滑隆线，无齿。

## / 中华东方相手蟹 /

*Orisarma sinense* (H. Milne Edwards, 1853)

栖息于河口处的泥洞中。头胸甲呈方形，胃、心区间有深而明显的“H”形沟。两侧缘近于平行，外眼窝角具锐三角形齿。螯足红色，两指较淡。

## / 斑点拟相手蟹 /

*Parasesarma pictum* (De Haan, 1835)

生活于低潮区的石块下或其附近。头胸甲呈方形，表面扁平，胃、心区处具“H”形沟。眼窝深，腹缘内齿三角形。外眼窝角锐三角形。侧缘光滑且几乎平行，无齿。体棕黄色，头胸甲壳面夹杂黑色斑块。

节肢动物门 | Arthropoda 软甲纲 | Malacostraca 十足目 | Decapoda 斜纹蟹科 | Plagusiidae

## / 无斑斜纹蟹 /

*Plagusia immaculata* Lamarck, 1818

生活于潮间带珊瑚礁间。头胸甲近圆形，呈褐绿色，腹甲为光滑的白色。螯足与其他螃蟹螯足比较起来显得小，可动指与不可动指的前缘演化成汤匙状凹陷，可用来夹取或刮取岩石上生长的藻类，以此为食。

# / 凶猛酋妇蟹 /

*Eriphia ferox* Koh et Ng, 2008

栖息于潮间带的岩石缝中。头胸甲呈圆扇形，眼红色。螯足左右不对称，长节背缘具细颗粒及锯齿。

## / 豆形短眼蟹 /

*Xenophthalmus pinnotheroides* White, 1846

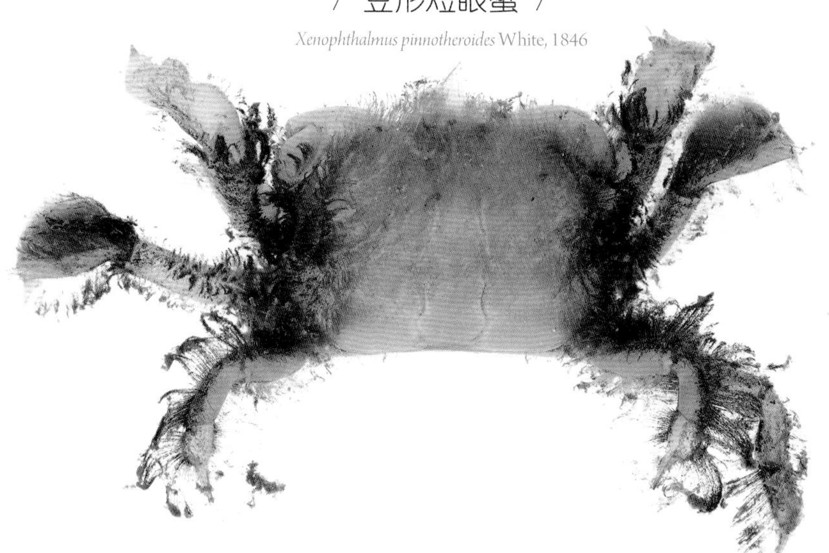

栖息于潮间带泥沙底。头胸甲呈横长方形，表面具短绒毛。两螯内末角及外缘均具长绒毛，步足各节的前、后缘均具短毛。

## / 海绵精干蟹 /

*Iphiculus spongiosus* Adams & White, 1849

栖息于潮间带的粉质软泥或粗沙底。头胸甲呈横卵形，表面密布绒毛及粗细不等的颗粒。两螯各节密布短绒毛，两指纤细，内缘具细齿。步足各节均覆盖短绒毛。

节肢动物门 | Arthropoda
软甲纲 | Malacostraca
十足目 | Decapoda
龙虾科 | Palinuridae

## / 波纹龙虾 /

*Panulirus homarus* (Linnaeus, 1758)

栖息于近海多礁岩浅水地带。体表呈绿色至褐色。头胸甲前端和眼柄间具橘色和蓝色斑纹，眼上角具黑色和白色环带。

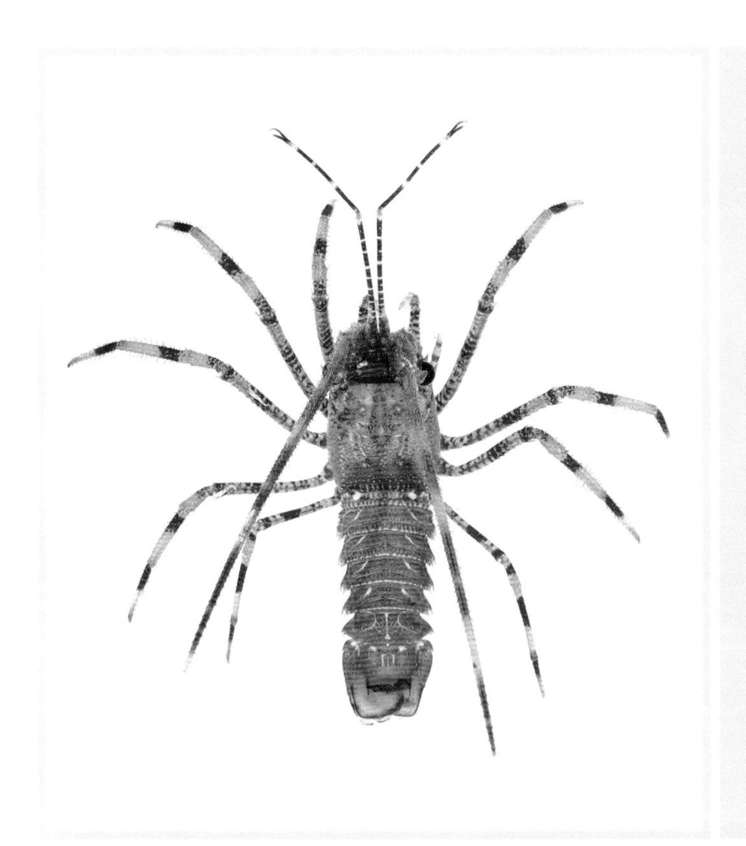

## / 和具钝龙虾 /

*Palinustus unicornutus* Berry, 1979

栖息于近海多礁岩浅水地带。体表呈橘色，第 2 触角及步足为红白相间。

## / 日本龙虾 /

*Panulirus japonicus* (von Siebold, 1824)

栖息于近海多礁岩浅水地带。体表呈暗红色。触角基部为粉红色，具黑底白尖的棘。

## / 日本对虾 /

*Penaeus japonicus* Spence Bate, 1888

栖息于浅海沙泥质海底。体表具土黄色和蓝色相间的鲜明横斑，尾肢具棕色横带，尾尖为鲜艳的蓝色。

## / 须赤虾 /

*Metapenaeopsis barbata* (De Haan, 1844)

栖息于近海沙质软泥及黏土质软泥海底。甲壳厚且粗糙，具绒毛。体表有棕红色不规则斑块。

## / 高脊赤虾 /

*Metapenaeopsis lamellata* (De Haan, 1844)

栖息于近海硬底质海区。甲壳坚硬，体表密被短粗毛。额角短，头胸甲前方及额角背缘呈鸡冠状隆起。身体有赤褐色的不规则斑纹，胸肢及腹肢呈红色。

## / 刀额新对虾 /

*Metapenaeus ensis* (De Haan, 1844)

幼体时生活于低盐的河口、内湾，随着个体的增大而逐渐移向深水域栖居。体色为淡黄褐色至深褐色，全身布满灰绿色或深红褐色小斑点。上缘具 7 ~ 9 齿。

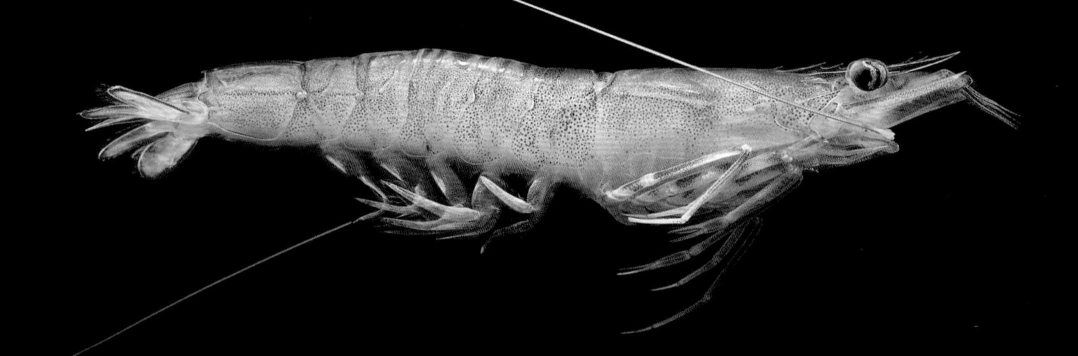

## / 周氏新对虾 /

*Metapenaeus joyneri* (Miers, 1880)

栖息于河口以外的沿岸海域。甲壳薄而呈半透明，体带浅黄色，表面散布有棕灰色小斑点。

## / 哈氏米氏对虾 /

*Mierspenaeopsis hardwickii* (Miers, 1878)

栖息于浅海。甲壳硬而光滑，体青色，尾肢末缘棕黄色。额角长，末端尖细。

## / 细巧贝特对虾 /

*Batapenaeopsis tenella* (Spence Bate, 1888)

栖息于浅海，能适应各种不同的底质。甲壳薄而平滑。额角短而直，伸至第 1 触角柄第 2 节中部附近，上缘基部微凸，具 6 ~ 8 齿。体布有棕红色斑点。

## / 近缘新对虾 /

*Metapenaetus affinis* (H. Milne Edwards, 1837)

栖息于浅海泥沙质海底。体淡棕色，额角上缘 6 ~ 9 齿，腹部游泳肢鲜红色。

## / 缘沟对虾 /

*Penaeus marginatus* Kishinouye, 1896

栖息于近岸浅海。体淡土黄色。额角较平直，额角上缘 9 ~ 10 齿。尾肢末缘蓝色。

## / 斑节对虾 /

*Penaeus monodon* Fabricius, 1798

栖息丁泥质或泥沙质的海底。体具棕色和暗绿色相间的横斑，腹肢的柄部外面呈明显的黄色。

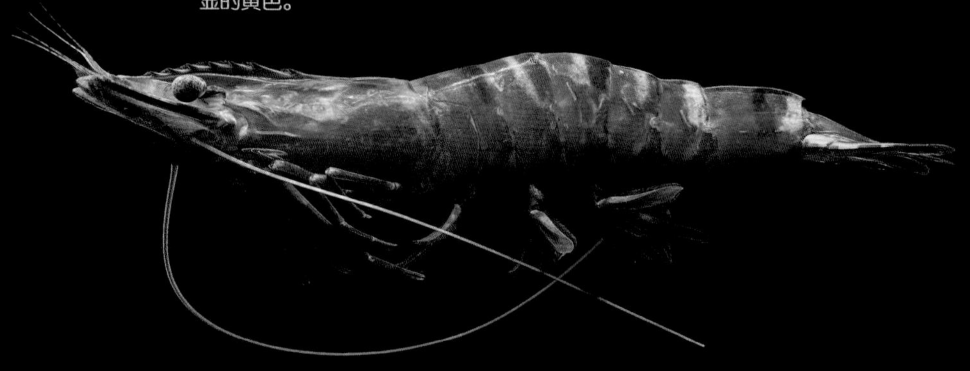

## / 短沟对虾 /

*Penaeus semisulcatus* De Haan, 1844

栖息于近海泥沙质海底。额角上缘具 6 ～ 8 齿，下缘具 2 ～ 4 齿。体上有浓淡相间的棕色横斑，附肢紫红色，触须颜色黑白相间。

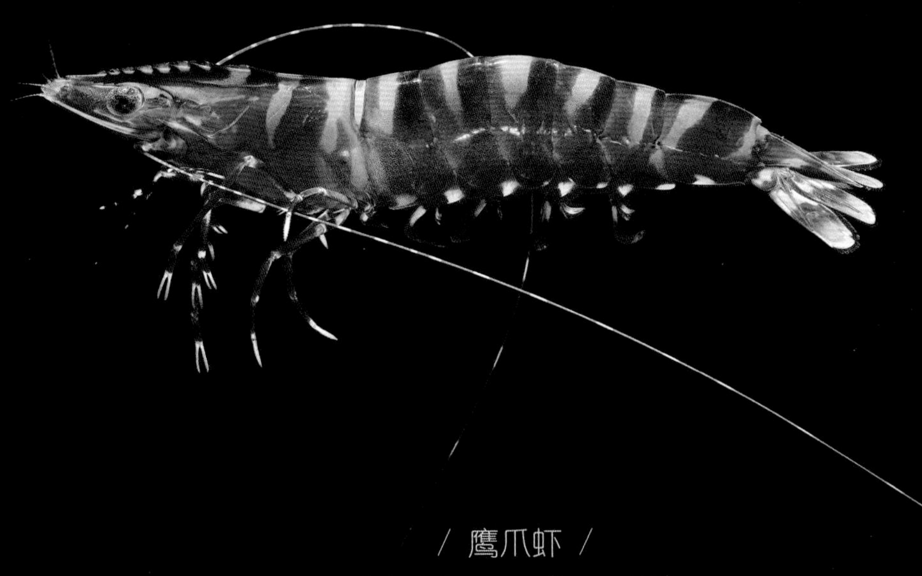

## / 鹰爪虾 /

*Trachysalambria curvirostris* (Stimpson, 1860)

栖息于近海海域。体形粗短，甲壳厚，表面粗糙，密被绒毛。腹部弯曲时，状如鹰爪。

## / 双凹鼓虾 /

*Alpheus bisincisus* De Haan, 1849

体呈橘红色，腹节背面具数个对称的黑色斑点。

## / 长指鼓虾 /

*Alpheus digitalis* De Haan, 1844

体色鲜艳，有明显的花纹。

## / 刺螯鼓虾 /

*Alpheus hoplocheles* Coutière, 1897

体呈棕红色或绿褐色，尾肢末半部深蓝色。

## / 短脊鼓虾 /

*Alpheus brevicristatus* De Haan, 1844

身体上的花纹似鲜明鼓虾，但较模糊不清。

## / 日本鼓虾 /

*Alpheus japonicus* Miers, 1879

体呈棕红色或绿褐色，额角稍长而尖细。大螯小螯细长，长度相等。

## / 粒螯乙鼓虾 /

*Betaeus granulimanus* Yokoya, 1927

穴居在潮间带的沙砾底中。身体平滑，呈绿褐色，螯足膨大特化，左右均呈剪刀状。螯足上有数十个颗粒，可动指的尖端与基部呈黄色。此种鼓虾无法利用可动指弹出音爆击昏猎物捕食。

## / 鼓虾 /

*Alpheus* sp.

身上具褐色斑块。

## / 太平鼓虾 /

*Alpheus pacificus* Dana, 1852

身呈淡绿色、黄褐色或灰黑色，体色多变。有些个体腹面上有白色纵带分布。

节肢动物门 | Arthropoda 软甲纲 | Malacostraca 十足目 | Decapoda 管鞭虾科 | Solenoceridae

## / 中华管鞭虾 /

*Solenocera crassicornis* (H. Milne Edwards, 1837)

栖息于近海沿岸。甲壳薄而光滑，体呈橙红色，每腹节后缘具红色横带。第 1 触鞭长而成管状。

节肢动物门 | Arthropoda 软甲纲 | Malacostraca 十足目 | Decapoda 活额虾科 | Rhynchocinetidae

## / 黑斑活额虾 /

*Rhynchocinetes conspiciocellus* Okuno & Takeda, 1992

栖息在潮间带及浅海海底石头下的沙砾或泥沙中。身上红色和白色的条纹相互交错，第 3 腹节顶端具 1 个黑色眼斑。

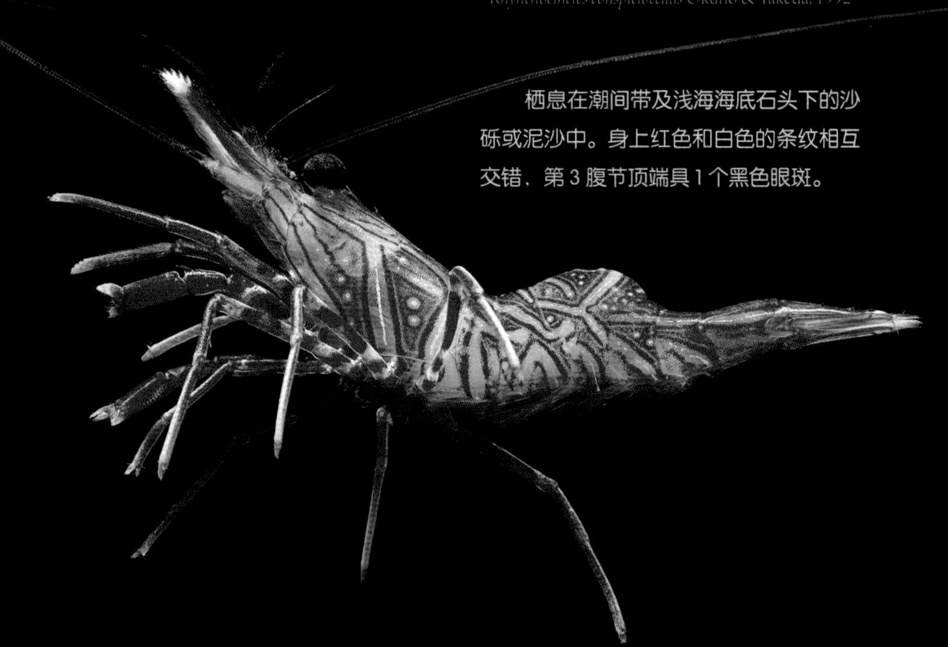

## / 红条鞭腕虾 /

*Lysmata vittata* (Stimpson, 1860)

栖息于近岸浅海的泥沙底或岩隙间。体呈粉红色，且有粗细相间的鲜红色纵纹。

## / 长足七腕虾 /

*Heptacarpus rectirostris* (Stimpson, 1860)

栖息于较清澈的岩石或泥沙底浅海，多附着在海藻或其他物体上。头胸甲上具黄褐色与青绿色相间的斑纹，腹部为纵斑。

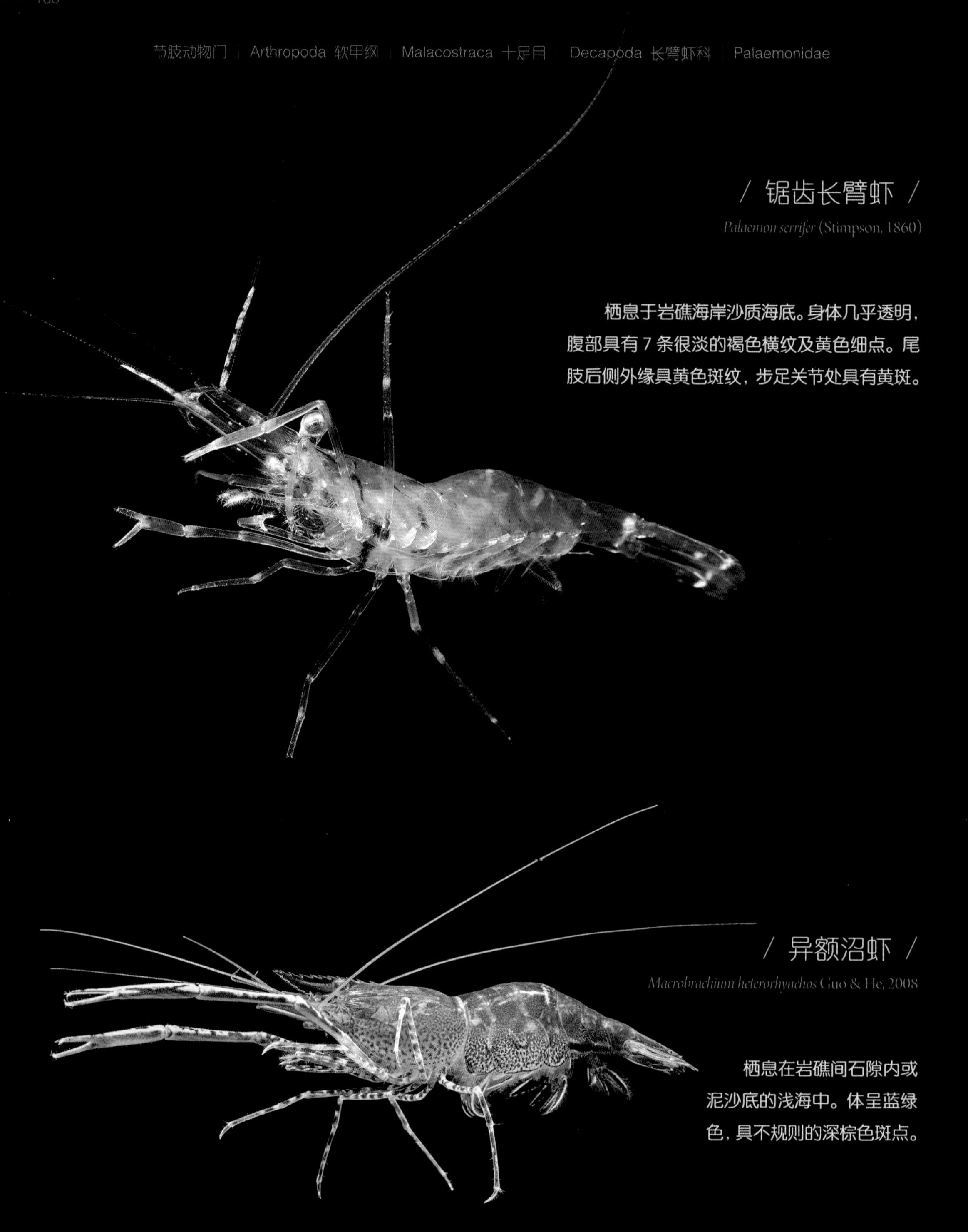

## / 锯齿长臂虾 /

*Palaemon serrifer* (Stimpson, 1860)

栖息于岩礁海岸沙质海底。身体几乎透明，腹部具有 7 条很淡的褐色横纹及黄色细点。尾肢后侧外缘具黄色斑纹，步足关节处具有黄斑。

## / 异额沼虾 /

*Macrobrachium heterorhynchos* Guo & He, 2008

栖息在岩礁间石隙内或泥沙底的浅海中。体呈蓝绿色，具不规则的深棕色斑点。

## / 敖氏长臂虾 /

*Palaemon ortmanni* Rathbun, 1902

栖息于近岸礁石下及海藻丛间。身体透明，具红褐色细纹及黄色细点。头胸甲具数条细纹。额角尖长。

## / 脊尾白虾 /

*Palaemon carinicauda* Holthuis, 1950

栖息于近岸的浅海及河口水域。甲壳薄，体色透明，微带蓝色或红色小斑点。

## / 下齿细螯寄居蟹 /

*Clibanarius infraspinatus* (Hilgendorf, 1869)

栖息于近海沿岸，常栖居于半咸水中。头胸甲较长，颈沟前及心区附近钙化较强。头胸甲淡黄色，鳃部深绿色，胸足深绿色，其中螯足指节黄色，步足有黄纵条数条。

## / 拟脊活额寄居蟹 /

*Diogenes paracristimanus* Wang & Dong, 1977

栖息于潮间带沙质海底。体褐色，左螯远比右螯强大，长节前上部及近外下缘散布颗粒。

## / 艾氏活额寄居蟹 /

*Diogenes edwardsii* (De Haan, 1849)

栖息于浅海沙泥质海底。体浅褐色。左螯掌部外侧面常附着海葵。

## / 红星真寄居蟹 /

*Dardanus aspersus* (Berthold, 1846)

栖息于近海沙泥质海底。体表呈红棕色。眼柄底色为深红棕色，中间有宽的深紫色横带，末端为橘红色。大螯钳部呈淡红棕色。

## / 厚螯真寄居蟹 /

*Dardanus crassimanus* (H. Milne Edwards, 1836)

栖息于浅海沙泥质海底。体色呈红棕色。眼柄浅紫色。大螯呈红棕色或橘色，腕节处有红紫色的色块。其余步足的腕节也有红紫色的斑块。

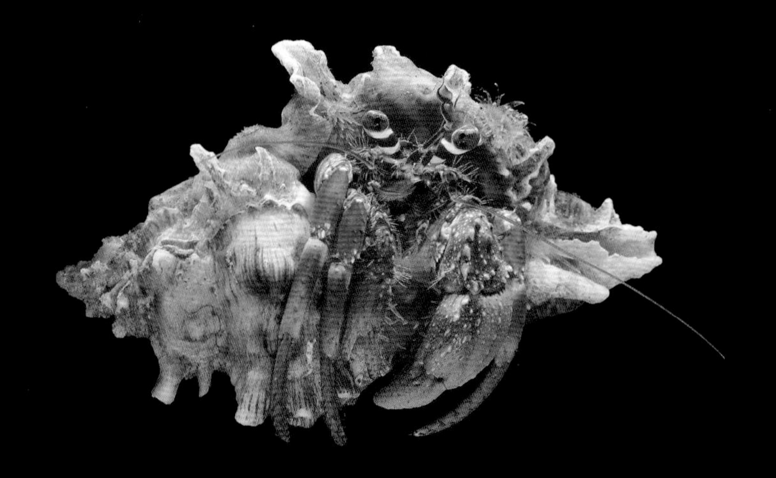

## / 珠粒真寄居蟹 /

*Dardanus gemmatus* (H. Milne Edwards, 1848)

栖息于浅海沙泥质海底。体色呈橘色、橘红色或栗子色。眼柄具红白两色相间环带。

## / 斑点真寄居蟹 /

*Dardanus megistos* (Herbst, 1804)

栖息于浅海沙泥质海底。体表呈亮红色，并缀有许多带黑边的白色斑点。眼柄呈红色至灰蓝色。具有白色的触角鞭。

节肢动物门 | Arthropoda
软甲纲 | Malacostraca
十足目 | Decapoda
寄居蟹科 | Paguridae

## / 窄小寄居蟹 /

*Pagurus angustus* (Stimpson, 1858)

栖息于潮间带礁石间。体棕绿色。眼柄白色，中间具褐色或红棕色宽带。触角柄褐色，触角鞭橘色。步足具蓝色斑纹。

## / 海德里寄居蟹 /

*Pagurus hedleyi* (Grant & McCulloch, 1906)

栖息于潮间带沙质海底。体黄褐色，眼柄具橙蓝相间环带，步螯足散布黑色斑块。

节肢动物门 | Arthropoda
软甲纲 | Malacostraca
十足目 | Decapoda
蝉虾科 | Scyllaridae

栖息在潮间带岩礁中。体表呈暗褐色，具不规则斑纹。头胸甲中央有土黄色斑块，第 1 触角基部为蓝色。第 2 ~ 5 腹节背板上具叶脉状刻纹。第 1 腹节表面有 3 个深褐色斑点，中间斑点最大。步足为黄色，具深蓝色环带。

## / 三斑盔突蝉虾 /

*Galearctus kitanoviriosus* (Harada, 1962)

## / 九齿扇虾 /

*Ibacus novemdentatus* Gibbes, 1850

栖息于浅海沙泥质海底。体呈淡黄褐色，背面杂有红褐斑。后侧缘具 7 ~ 8 齿。

## / 毛缘扇虾 /

*Ibacus ciliatus* (von Siebold, 1824)

栖息于浅海沙泥质海底。体呈暗虾红色，头胸甲具鳃脊，颈部缺刻深。

## / 南极岩礁扇虾 /

*Parribacus antarcticus* (Lund, 1793)

栖息于沙泥或岩礁质海底。体深褐色，表面布满颗粒和短毛。

# / 伍氏蝼蛄虾 /

*Austinogebia wuhsienweni* (Yu, 1931)

穴居于泥沙底质潮间带，体棕黄色，甲壳软薄，头胸甲具短的三角形额角。

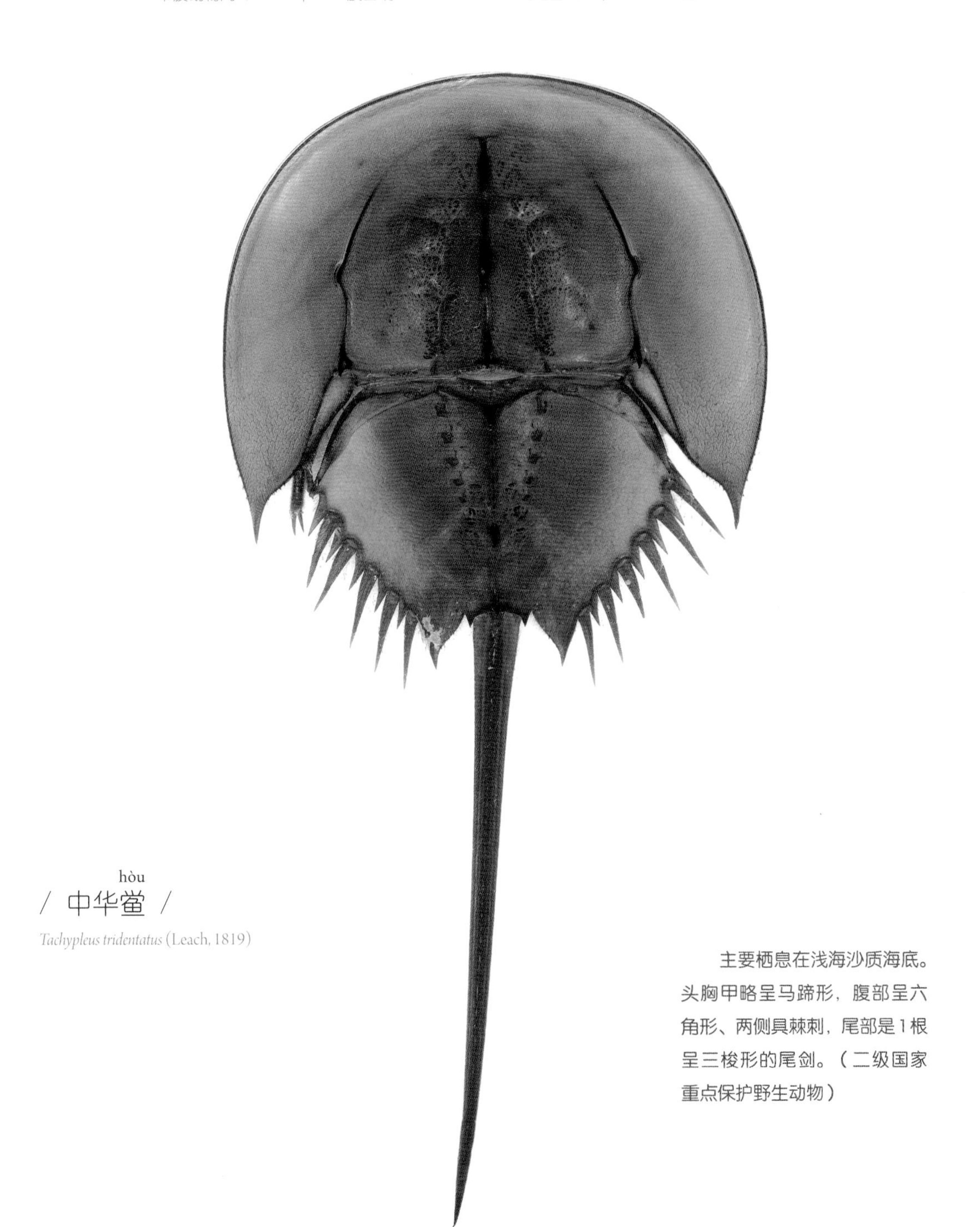

hòu
/ 中华鲎 /

*Tachypleus tridentatus* (Leach, 1819)

主要栖息在浅海沙质海底。头胸甲略呈马蹄形，腹部呈六角形、两侧具棘刺，尾部是1根呈三棱形的尾剑。（二级国家重点保护野生动物）

# 脊索动物门
Chordata

脊索动物门是动物界最高等的一个门，形态、内部结构和生活方式都存在极其明显的差异。但其个体发育的某一时期或整个生活史中，都具有脊索、背神经管和咽鳃裂，也是脊索动物与无脊椎动物区别的 3 个基本特征。

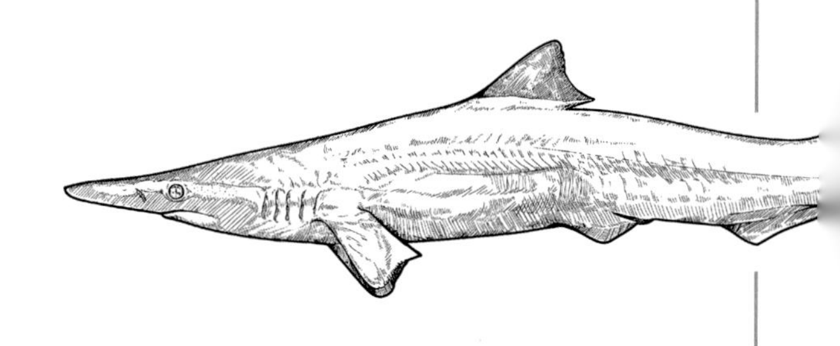

## / 白氏鳃口文昌鱼 /

*Branchiostoma belcheri* (Gray, 1847)

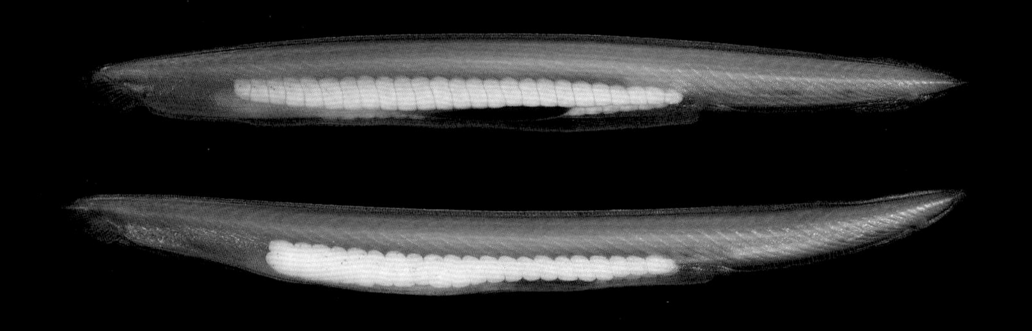

## / 日本文昌鱼 /

*Branchiostoma japonicum* (Willey, 1897)

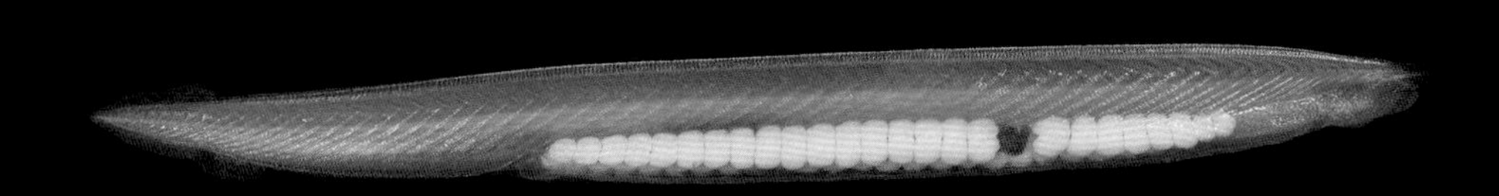

栖息于浅海沙质海底。

体呈白色半透明，两端尖，体侧扁。

常将身体埋在沙中，仅露出前端以滤食硅藻及小型浮游生物。

脊索动物门 | Chordata 板鳃亚纲 | Elasmobranchii 真鲨目 | Carcharhiniformes 猫鲨科 | Scyliorhinidae

幼鱼

## / 梅花鲨 /

*Halaelurus buergeri* (Müller & Henle, 1838)

卵鞘

栖息于近海沿岸沙泥底。以底栖无脊椎动物及小鱼为食。卵生。体淡褐色，体侧具暗色横带，夹杂黑色斑点，三五成群、似梅花状排列。各鳍具黑色斑点。

脊索动物门 | Chordata 板鳃亚纲 | Elasmobranchii 真鲨目 | Carcharhiniformes 真鲨科 | Carcharhinidae

## / 大吻斜齿鲨 /

*Scoliodon macrorhynchos* (Bleeker, 1852)

栖息于近海礁区沿岸，偶尔出现于河口。以鱼类、头足类及其他小型无脊椎动物为食。卵胎生。体背侧灰褐色，腹侧白色。背、胸及尾鳍灰褐色。体呈纺锤形，头扁平而尖，吻较窄。尾鳍宽而长，尾端钝。

## / 条纹斑竹鲨 /

*Chiloscyllium plagiosum* (Anonymous [Bennett], 1830)

栖息于沿海礁沙海床。行动缓慢，以底栖无脊椎动物及小鱼为食。卵生。体呈灰褐色，体侧具 12 ~ 13 条暗色横纹，体侧及各鳍另具许多淡色斑点。

脊索动物门 | Chordata
板鳃亚纲 | Elasmobranchii
犁头鳐目 | Rhinopristiformes
犁头鳐科 | Rhinobatidae

## / 斑纹犁头鳐 /

*Rhinobatos hynnicephalus* Richardson, 1846

栖息于近海沙泥底质海域底层，偶然进入河口。肉食性，主要摄食甲壳类、贝类以及其他底栖动物。背面褐色，除背鳍、尾鳍及吻侧外，全身常密布暗褐色斑点及睛状、条状或蠕虫状花纹。体盘近三角形，吻呈三角形。

## hóng
## / 赤魟 /

*Hemitrygon akajei* (Müller & Henle, 1841)

栖息于近海沙泥底和河口。以小鱼和甲壳动物为食。卵胎生，尾刺有毒腺。体赤褐色，体盘边缘浅淡。体盘菱形，前缘斜直。尾细长，在尾刺后方的背侧面具一皮褶。

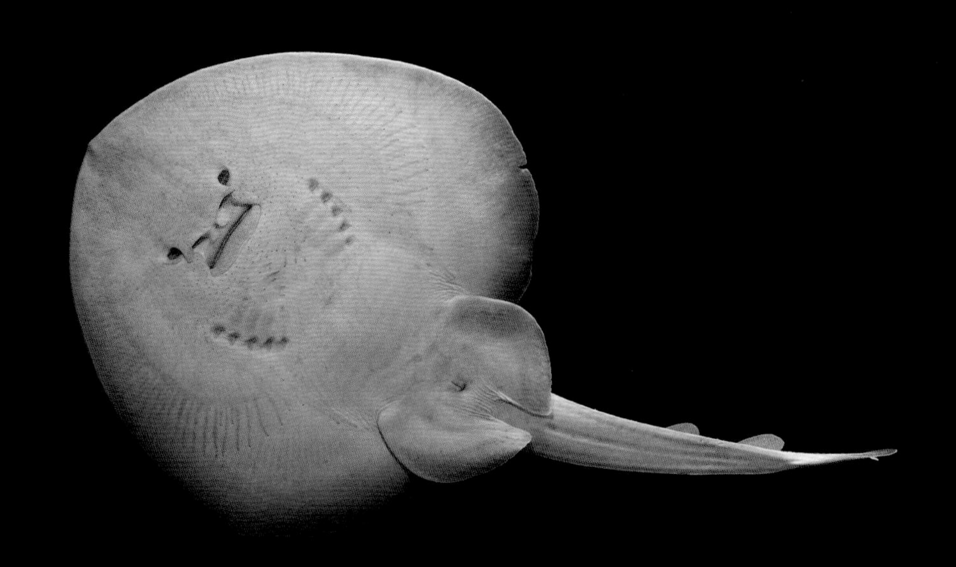

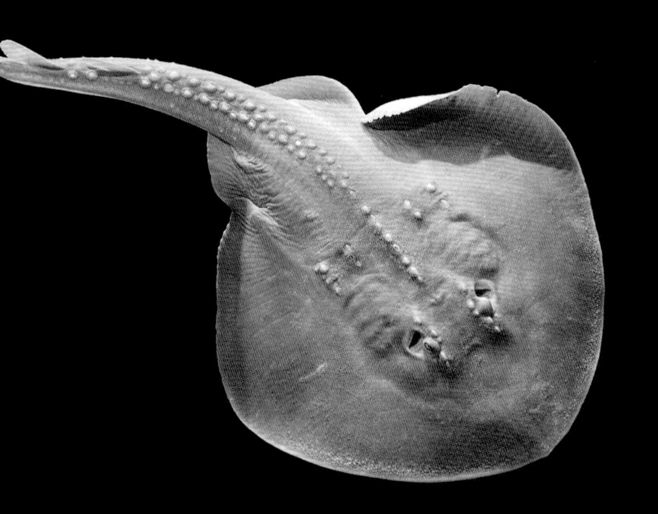

## / 中国团扇鳐 /

*Platyrhina sinensis* (Bloch & Schneider, 1801)

喜栖息于泥沙底质水域底层。游动缓慢，昼伏夜出。有时也进入江河口内淡水索饵。主要食物为小型甲壳类底栖动物。背面棕褐色或灰褐色，腹面淡白色。背面具细小及较大刺状鳞片。

脊索动物门 | Chordata 板鳃亚纲 | Elasmobranchii 鲼形目 | Myliobatiformes 燕魟科 | Gymnuridae

## / 日本燕魟（hóng） /

*Gymnura japonica* (Temminck & Schlegel, 1850)

栖息于沙质或浅海的泥质海域底部。体盘宽大，体盘背面灰褐色或青褐色，散布着暗色小斑及大型斑块。尾具黑色横纹。

脊索动物门 | Chordata 板鳃亚纲 | Elasmobranchii 电鳐目 | Torpediniformes 单鳍电鳐科 | Narkidae

## / 日本单鳍电鳐 /

*Narke japonica* (Temminck & Schlegel, 1850)

栖息于近海沿岸，会发电。体盘圆形，尾短宽，侧褶很发达，自背鳍起点下方至尾鳍基底后方。背面常灰褐色，沙黄或赤褐色，有时具少数不规则暗色斑块。

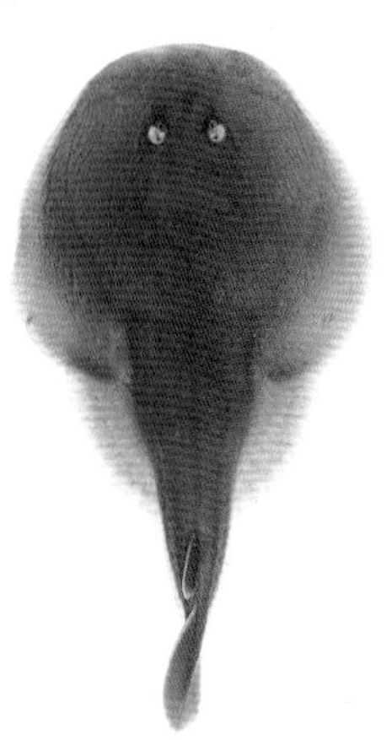

幼鱼

## / 何氏瓮鳐 /

*Okamejei hollandi* (Jordan & Richardson, 1909)

栖息于近海沿岸底层，摄食贝类等软体动物。背面黄褐色，具深褐色小斑点。在肩区上的斑点，常聚集一起，呈大型斑块状；胸鳍里角上方具 1 个睛状斑块。腹面灰褐色，具许多暗色细斑。

## / 毛躄（bì）鱼 /

*Antennarius hispidus* (Bloch & Schneider, 1801)

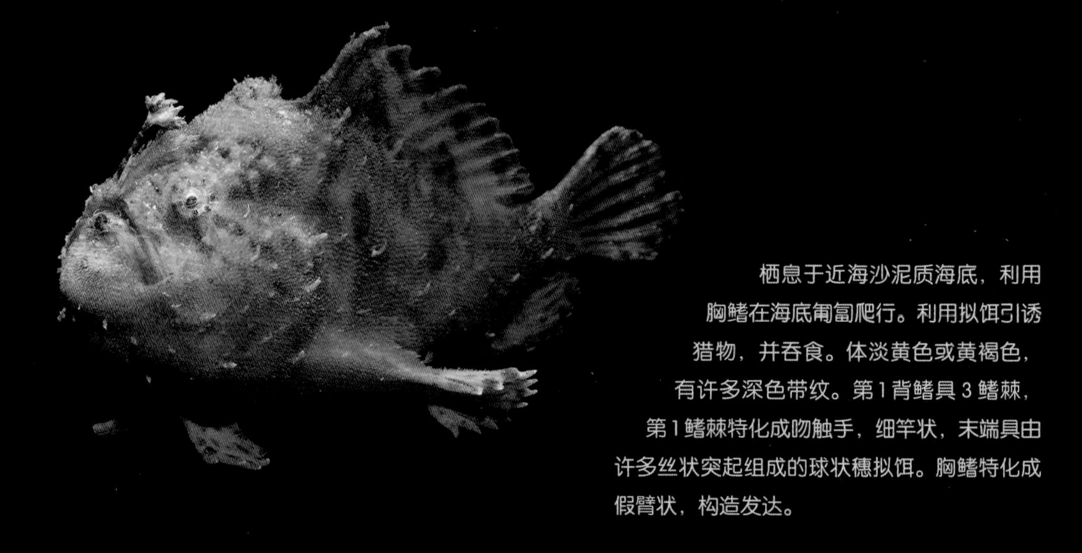

栖息于近海沙泥质海底，利用胸鳍在海底匍匐爬行。利用拟饵引诱猎物，并吞食。体淡黄色或黄褐色，有许多深色带纹。第1背鳍具3鳍棘，第1鳍棘特化成吻触手，细竿状，末端具由许多丝状突起组成的球状穗拟饵。胸鳍特化成假臂状，构造发达。

## / 眼斑手躄（bì）鱼 /

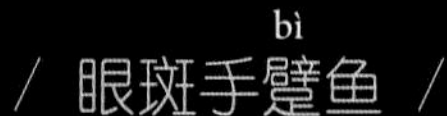

*Antennatus nummifer* (Cuvier, 1817)

体色有黄色、红色等。腹部呈黄色，各鳍呈黄色。脊鳍基底有明显的褐色眼状斑，体侧隐具暗褐色网状斑纹。体密被细绒状皮棘，棘双叉形。凸起的拟饵有丝状触须。

## / 带纹躄(bì)鱼 /

*Antennarius striatus* (Shaw, 1794)

体色多变，有黄色、绿色、浅红色、浅黄褐色、褐色及黑色等，体及鳍上具不规则的黑褐色带纹和斑块。第 1 背鳍具 3 鳍棘，第 1 鳍棘特化成吻触手，细竿状，末端具由 2 ~ 7 片的皮瓣所组成的拟饵。

脊索动物门 | Chordata 辐鳍鱼纲 | Actinopterygii 鮟鱇目 | Lophiiformes 鮟鱇科 | Lophiidae

## / 黄鮟鱇（ān kāng） /

*Lophius litulon* (Jordan, 1902)

底栖性，通常用拟饵引诱猎物前来，再瞬间吸入，以鱼类及甲壳类为食。体背面暗褐色，鳍黑色，体腹面白色。体侧具有许多皮须。

脊索动物门 | Chordata 辐鳍鱼纲 | Actinopterygii 鲽形目 | Pleuronectiformes 舌鳎科 | Cynoglossidae

## / 斑头舌鳎（tǎ） /

*Cynoglossus puncticeps* (Richardson, 1846)

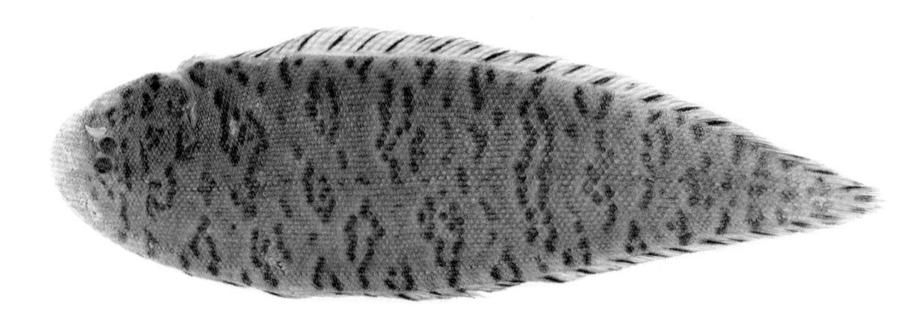

栖息于近海沙质海域，可进入河口或江河下游觅食。背面具不规则的深褐色的斑块，时常形成不规则的交叉条纹。

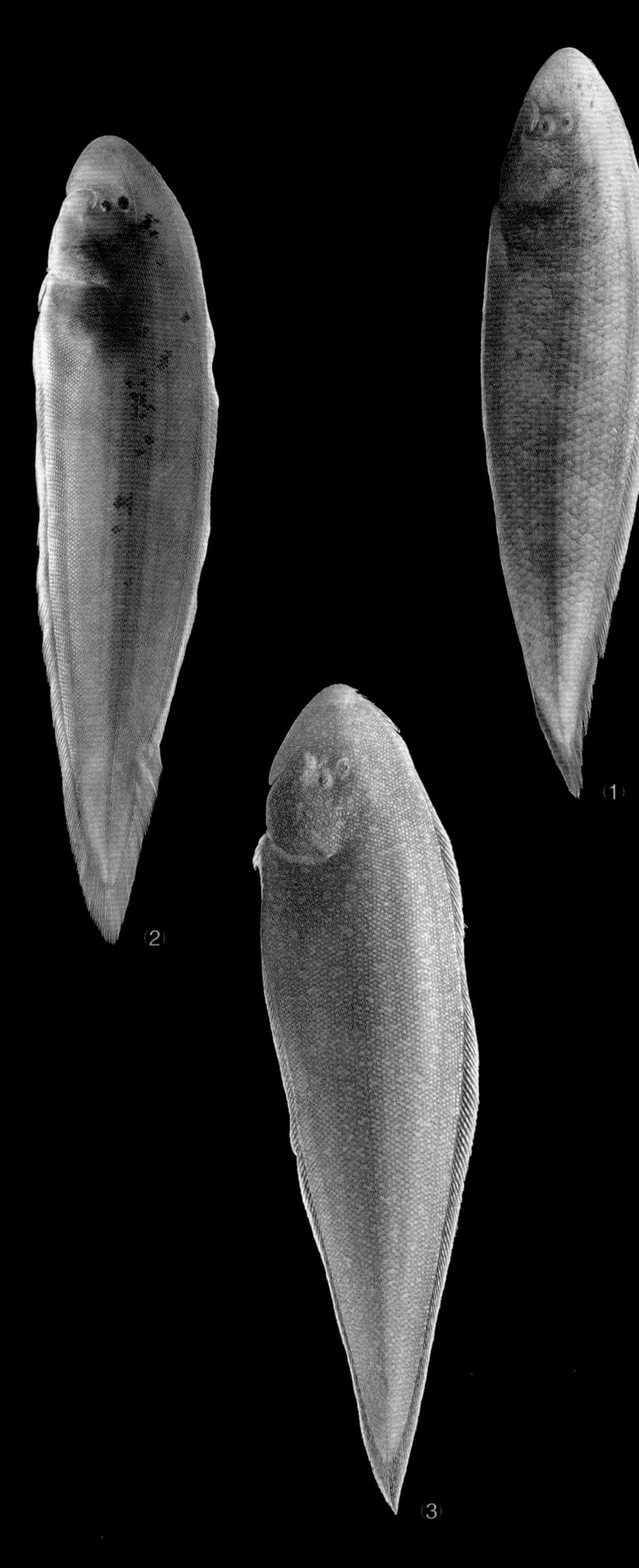

(1)

(2)

(3)

## / 巨鳞舌鳎(tǎ) /(1)

*Cynoglossus macrolepidotus* (Bleeker, 1851)

栖息于近海泥沙底质海域，可进入河口，以底栖无脊椎动物为食。体淡褐色，鳃盖部有1个暗色斑。鳞片较同属其他种大。

## / 三线舌鳎(tǎ) /(2)

*Cynoglossus trigrammus* Günther, 1862

栖息于近海沙质海底，能进入河口。以底栖无脊椎动物为食。体长舌状，具3条侧线。体褐色，体及鳃盖均具黑斑。

## / 日本须鳎(tǎ) /(3)

*Paraplagusia japonica* (Temminck & Schlegel, 1846)

栖息于近海泥沙底质海域。以底栖无脊椎动物为食。体黄褐色，具不规则小斑点。口裂显著呈钩状弯曲，眼侧唇缘具触须。

tǎ

## / 卵鳎 /

*Solea ovata* Richardson, 1846

栖息于沿岸较浅的泥沙质海底，以底栖甲壳类动物为食。眼侧体橄榄褐色，且散具小黑点，沿背缘有 5 个黑圆斑，沿腹缘则有 4 个，沿侧线则有7 ~ 8 个。

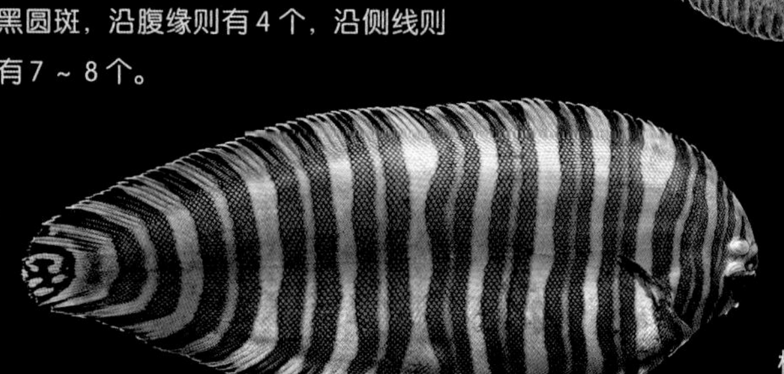

tǎ

## / 斑纹条鳎 /

*Zebrias zebrinus* (Temminck & Schlegel, 1846)

栖息于沿岸较浅的泥沙底质海域。以底栖性甲壳类动物为食。体黄褐色，由头至尾有 20 ~ 23 条横带。尾鳍为黑褐色，有黄斑点。



píng

## / 牙鲆 /

*Paralichthys olivaceus* (Temminck & Schlegel, 1846)

主要栖息于沿岸沙泥质的海域。肉食性鱼类，捕食底栖性的甲壳类或是其他小鱼。体暗灰褐色，体有许多环纹及小暗点，侧线上具 2 个暗斑。背鳍起点在上眼前缘上方，尾鳍楔形。

píng

## / 桂皮斑鲆 /

*Pseudorhombus cinnamoneus* (Temminck & Schlegel, 1846)

幼鱼

主要栖息于沿岸沙泥质海域，可进入河口水域活动。肉食性，主要捕食底栖性的甲壳类及小鱼。体绿色或淡褐色，有许多环纹，侧线弯曲部及直走部相接处具 1 个大眼斑。

## / 斑鰶(jì) /

*Konosirus punctatus* (Temminck & Schlegel, 1846)

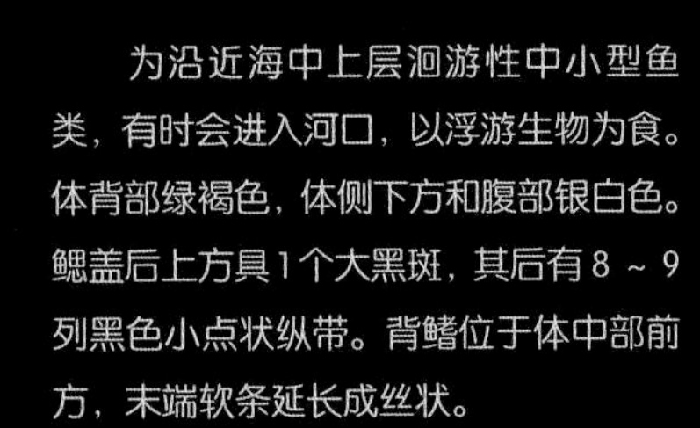

为沿近海中上层洄游性中小型鱼类，有时会进入河口，以浮游生物为食。体背部绿褐色，体侧下方和腹部银白色。鳃盖后上方具1个大黑斑，其后有8 ~ 9列黑色小点状纵带。背鳍位于体中部前方，末端软条延长成丝状。

## / 金色小沙丁鱼 /

*Sardinella aurita* Valenciennes, 1848

栖息于近海中上层，亦常出现于河口水域。有集群洄游习性，并有强烈趋光性。以硅藻、桡脚类及其他小型无脊椎动物为食。头和体背部青绿色，体侧与腹部银白色。鳃盖后上方具黑斑，鳃盖末端上方具1个淡黄斑。背、尾鳍淡黄，边缘黑色。腹缘有锯齿状棱鳞，尾鳍深叉形。

## / 七丝鲚(jì) /

*Coilia grayii* Richardson, 1845

栖息于近海中上层，河口水域亦能发现。以小型无脊椎动物为食。体银白带黄色， 尾鳍末端微黑，背鳍、胸鳍、腹鳍基部淡黄色。腹部具棱鳞。胸鳍上部具7条游离鳍，延长成丝状，伸达臀鳍基部上方。

## / 汉氏棱鳀(tí) /

*Thryssa hamiltonii* Gray, 1835

栖息于近海表层，亦可发现于河口水域。滤食性，以浮游动物为主。体背部青灰色，具暗灰色带，侧面银白色。鳃盖后上角具1个黄绿色斑块。背鳍、胸鳍及尾鳍黄色或淡黄色，腹鳍及臀鳍淡色。体甚侧扁，腹部在腹鳍前后均有1排锐利的棱鳞。

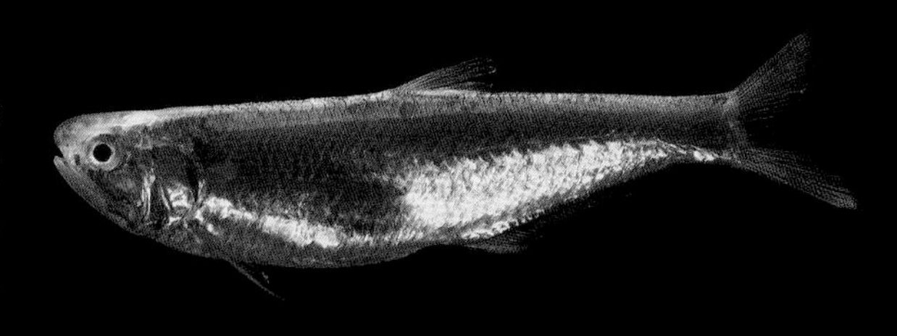

## / 笔状多环海龙 /

*Hippichthys penicillus* (Cantor, 1849)

栖息于沿岸浅水区的海草床，也会在河口浅水区出现。卵胎生，雄鱼具孵卵袋。体黄绿色，腹侧具密集环状小黄斑。

## / 三斑海马 /

*Hippocampus trimaculatus* Leach, 1814

主要栖息于海藻床的礁石区，以小型浮游动物为食。躯干部呈七棱形，尾部呈四棱形，尾端渐细，能卷曲，关节处小棘为突起状。体色多样，包括金橘色、土黄色、深褐色或全黑色。雄鱼在第 1、第 4 及第 7 体环的背侧通常各具 1 个黑斑。

雌鱼

## / 薛氏海龙 /

*Syngnathus schlegeli* Kaup, 1856

栖息于海藻床，亦可见于河口水域。以小型浮游动物为食。体长，无鳞，由一系列的骨环所组成。体呈褐色，有时混杂一些淡色斑纹。

## / 日本海马 /

*Hippocampus mohnikei* Bleeker, 1853

喜栖于沿海中潮线至低潮线的海藻丛中，以尾部缠在藻体上。缓慢直立游动。主食桡足类、端足类、枝角类、虾类等。体暗褐色，头部及体侧具斑纹。躯干部七棱形，尾部四棱形而卷曲。吻管状，很短。

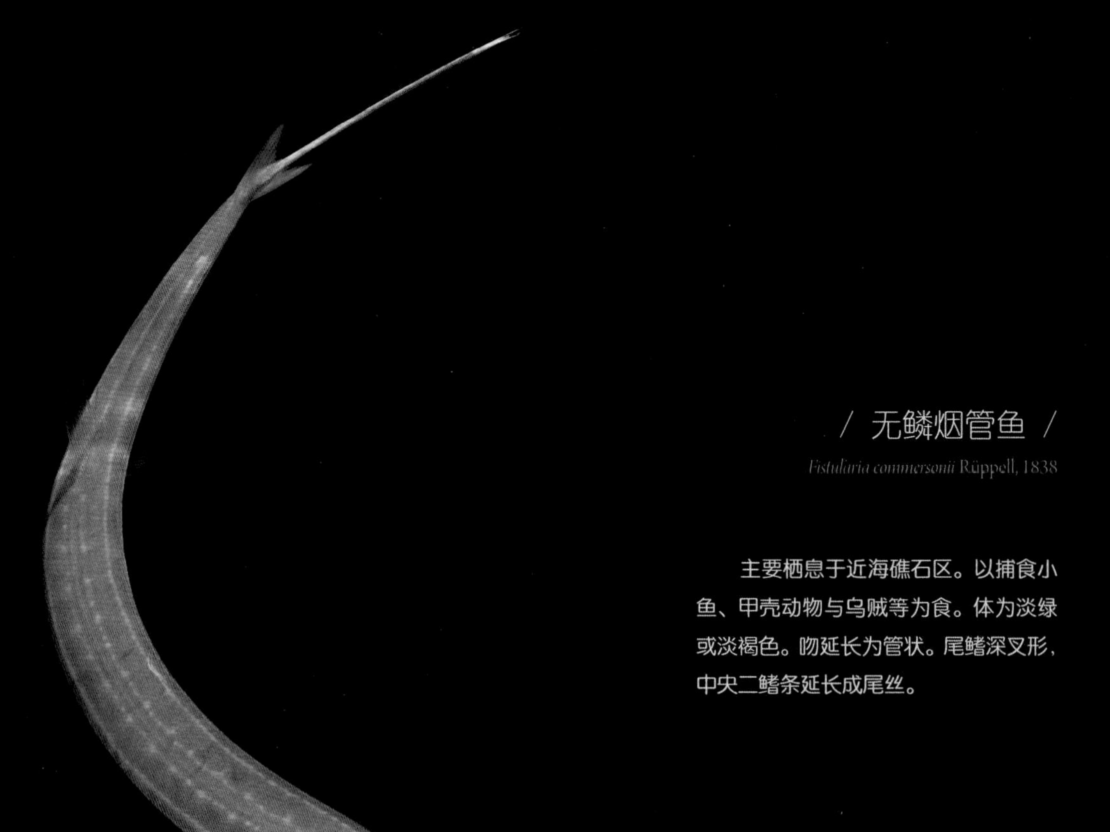

## / 无鳞烟管鱼 /

*Fistularia commersonii* Rüppell, 1838

主要栖息于近海礁石区。以捕食小鱼、甲壳动物与乌贼等为食。体为淡绿或淡褐色。吻延长为管状。尾鳍深叉形，中央二鳍条延长成尾丝。

## 缘下鱵(zhēn)鱼

*Hyporhamphus limbatus* (Valenciennes, 1847)

栖息于近海沿岸河口水域，以水生昆虫为主食。体背呈浅灰蓝，腹部白色，体侧中间有一条银白色纵带。下颌延长成喙状，喙为黑色，前端橘红色。

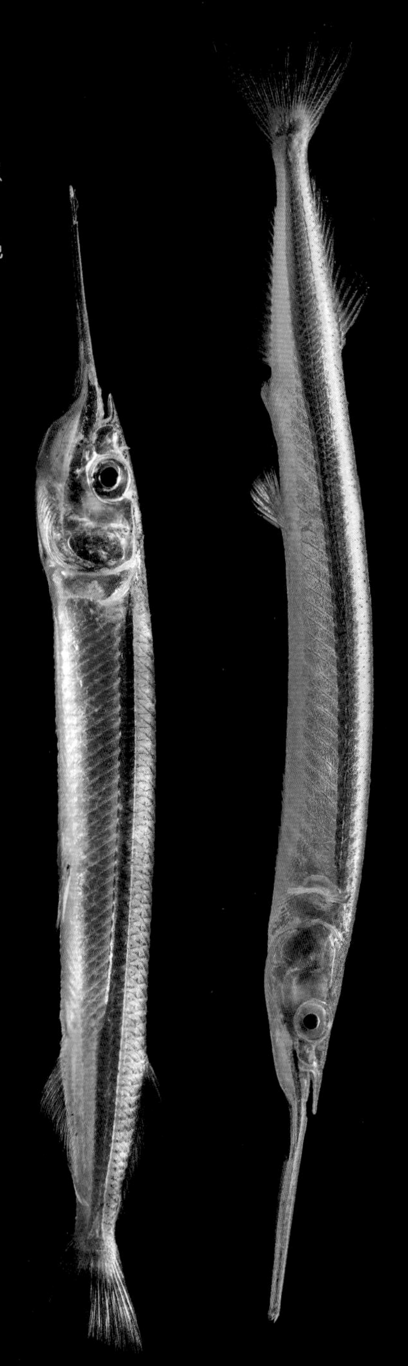

## 间下鱵(zhēn)

*Hyporhamphus intermedius* (Cantor, 1842)

栖息于近海中上层水域，也可生活于河口附近及进入淡水。体背侧灰绿色，体侧下方及腹部银白色。体侧自胸鳍基至尾鳍基具一较窄深色纵带。上颌骨与颌间骨愈合，呈三角形。下颌突出，延长成一平扁长喙。

脊索动物门 | Chordata 辐鳍鱼纲 | Actinopterygii 胡瓜鱼目 | Osmeriformes 香鱼科 | Plecoglossidae

## / 香鱼 /

*Plecoglossus altivelis* (Temminck & Schlegel, 1846)

为溯河性的小型鱼类。较大的幼鱼和成鱼栖息在沿海的江河内，较小的幼鱼则在河口和沿海港湾一带生活。摄食底栖硅藻、蓝绿藻和绿藻。体背部青灰色，体侧和腹部银白色。下颌中间具凹陷，口闭时吻钩恰置于下颌的凹陷内。具一脂鳍，小而狭长。

脊索动物门 | Chordata 辐鳍鱼纲 | Actinopterygii 金眼鲷目 | Beryciformes 松球鱼科 | Monocentridae

## / 松球鱼 /

*Monocentris japonica* (Houttuyn, 1782)

主要栖息于较深的岩石洞穴及其周缘水域。主要以浮游动物为食，亦捕食小型甲壳类。体呈橘黄色至黄色，各鳞片具黑缘。体被骨板状大型鳞，彼此合成一体壳，其中央部分有尖凸棱或棘，彼此相连而形成数条棱嵴突，腹部中央另具一特别突出的棱嵴。腹鳍具一粗大棘，具活动关节，外伸后可锁定。下颌前端有圆形发光器。

脊索动物门 Chordata 辐鳍鱼纲 Actinopterygii 金眼鲷目 Beryciformes 鳂科 Holocentridae

## / 黑带棘鳞鱼 /

*Sargocentron rubrum* (Forsskål, 1775)

栖息于岩礁区，以甲壳类或小鱼等为食物。体呈鲜红色，体侧红褐色与银白色斑纹交互排列。背鳍软条部基底末端具深色斑点，臀鳍的软条部后面基底末端具暗色斑块。

脊索动物门 Chordata 辐鳍鱼纲 Actinopterygii 鲈形目 Perciformes 鲾科 Leiognathidae

## / 项斑项鲾(bī) /

*Nuchequula nuchalis* (Temminck & Schlegel, 1845)

栖息于沙泥底质的沿海地区，亦可生活于河口水域及河流下游。肉食性，以小型甲壳类、多毛类及小鱼为食。体背灰褐色，体侧浅黄色。体侧具 1 条黄褐带及少许黄褐色斑纹。背鳍第 2 ~ 6 硬棘上部具黑色斑。口可向下方伸出。

脊索动物门 | Chordata 辐鳍鱼纲 | Actinopterygii 鲈形目 | Perciformes 唇指𩽾科 | Cheilodactylidae

## / 花尾唇指鰯（wēng） /

*Cheilodactylus zonatus* Cuvier, 1830

栖息于近海沿岸沙泥底礁区。以底栖甲壳类为主食。体呈黄褐色，在体侧及头部有 9 条橘黄色的斜带，均达胸鳍以下。各鳍均为橘黄色，背鳍鳍条部有 1 条与基底平行的蓝纵带，尾柄及尾鳍上有白斑散布。

脊索动物门 | Chordata 辐鳍鱼纲 | Actinopterygii 鲈形目 | Perciformes 带鱼科 | Trichiuridae

## / 日本带鱼 /

*Trichiurus japonicus* Temminck & Schlegel, 1844

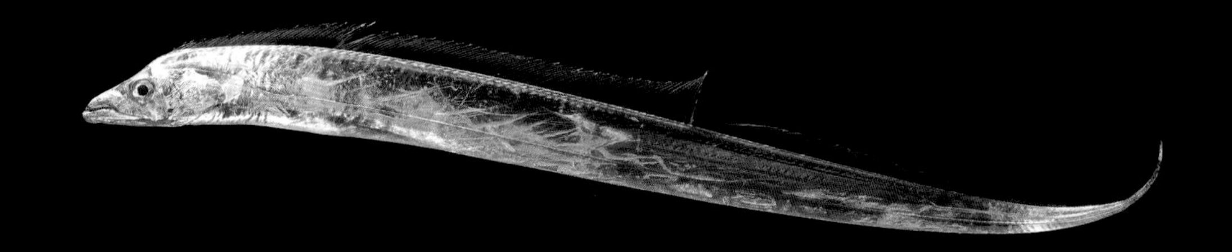

一般栖息于开放性大洋水域，产卵时则洄游至浅海水域。具群游性，以小鱼及甲壳类为食。体银白色，背鳍及胸鳍淡白而呈透明状，尾端呈黑色。侧线在胸鳍上方显著向下弯，而后沿腹缘至尾端。

脊索动物门 | Chordata 辐鳍鱼纲 | Actinopterygii 鲈形目 | Perciformes 大眼鲷科 | Priacanthidae

## / 短尾大眼鲷 /

*Priacanthus macracanthus* Cuvier, 1829

主要栖息于沿海近岸礁区。肉食性，主要以甲壳类及小鱼等为主食。体背呈鲜桃红色，愈近腹部颜色渐渐变淡，腹部呈银白色。背鳍、腹鳍和臀鳍均有明显的黄色斑点。

脊索动物门 | Chordata 辐鳍鱼纲 | Actinopterygii 鲈形目 | Perciformes 大眼鲳科 | Monodactylidae

## / 银大眼鲳 /

*Monodactylus argenteus* (Linnaeus, 1758)

幼鱼

栖息于近海岩礁边的水域，常游入江河下游，在淡水中生活。主要滤食水中的浮游动物。成鱼呈银色，只有在背鳍和臀鳍的末梢颜色较暗，尾鳍淡色或偏黄。幼鱼呈银灰色，并有 2 条横越头部的暗带。

## / 紫红笛鲷 /

*Lutjanus argentimaculatus* (Forsskål, 1775)

幼鱼栖息于河口以及江河下游，成鱼后则迁移外海。主要摄食鱼类及甲壳类。体为红褐色至深褐色，幼鱼体侧具 7 ~ 8 条银色横带，随成长而消失。尾鳍近截形，微凹。

幼鱼

## / 马拉巴笛鲷 /

*Lutjanus malabaricus* (Bloch & Schneider, 1801)

栖息于沿岸与外海礁石区。体呈红色，腹部较淡，尾柄背部具不明显鞍状斑。幼鱼时，头背部由背鳍起点至吻端有 1 条暗色斜带，尾柄背部有明显鞍状斑。各鳍红色。

幼鱼

## / 蓝点笛鲷 /

*Lutjanus rivulatus* (Cuvier, 1828)

幼鱼

栖息于近海水域。主要以鱼类、头足类或底栖甲壳类为食。体褐色带有红光，每个鳞各具 1 个白点，头侧有波浪状蓝纹。各鳍黄色至暗灰褐色。幼鱼体侧具 3 ~ 8 条褐色横带，背鳍软条部下方的侧线上具有 1 个带黑缘的白点。

## / 勒氏笛鲷 /

*Lutjanus russellii* (Bleeker, 1849)

幼鱼

成鱼主要栖息于近海沿岸礁区。幼鱼会进入河口或河流下游。夜间觅食，以鱼类及甲壳类为主食。体侧褐色至红褐色，腹部银白。体侧约有 8 条黄褐色纵带，有时不显。体侧在背鳍鳍条部下方具 1 个大黑斑。

## / 黑棘鲷 /

*Acanthopagrus schlegelii* (Bleeker, 1854)

喜栖于沙泥底质的内湾水域，有时会进入河口水域。以底栖甲壳类、软体动物、棘皮动物及多毛类为食。体灰黑色且带银色光泽，有若干不太明显的暗褐色横带。鳃盖上角及胸鳍腋部各1个黑点。

## / 二长棘犁齿鲷 /

*Evynnis cardinalis* (Lacepède, 1802)

栖息于沙泥底质的近海沿岸水域。肉食性，以小鱼、小虾或软体动物为主食。体呈鲜红色带银色光泽。第3及第4背鳍延长呈丝状。

## / 真鲷 /

*Pagrus major* (Temminck & Schlegel, 1843)

栖息于沙泥底质海域及礁石区。肉食性，以底栖生物为食。体呈淡红色，腹部为白色，背部零星分布蓝色的小点，至成长会逐渐消失。

## / 平鲷 /

*Rhabdosargus sarba* (Forsskål, 1775)

主要栖息于沿岸岩礁区。幼鱼时，生活于河口水域，随着成长而逐渐向外海移动。以无脊椎动物为食。体呈银灰色，腹面颜色较淡，体侧有许多淡青色纵带。腹鳍和臀鳍颜色略黄。尾鳍叉形，大部为深灰色，仅下缘鲜黄色。

## / 斑鱾(jǐ) /

*Girella punctata* (J. E. Gray, 1835)

栖息于岩礁海岸，以藻类为食。体呈椭圆形，黑灰色。鳃盖后缘为黑色，尾鳍后缘稍凹陷。

## / 细刺鱼 /

*Microcanthus strigatus* (Cuvier, 1831)

栖息于近海沿岸礁石区。杂食性，以海藻及底栖动物为食。体为黄色，体侧具 5 条微斜的黑色纵带。背、腹及臀鳍黄色，背及臀鳍上亦有黑色纵带。

## / 密点少棘胡椒鲷 /

*Diagramma pictum* (Thunberg, 1792)

幼鱼

栖息于沿岸礁石区或礁沙混合区，幼鱼则出现于海藻床。以底栖无脊椎动物及鱼类为食。幼鱼体上半部暗褐至黑色，由 3 条或更多纵带区隔，延伸至尾鳍，体下半部则为黄色。成鱼体呈蓝灰色，体侧散布金黄色斑点。

## / 三线矶鲈 /

*Parapristipoma trilineatum* (Thunberg, 1793)

幼鱼

主要栖息于近海宽阔水域。以浮游生物为主食。体背暗绿褐色，体腹白色。体侧有 3 条暗色纵带，但仅在幼时明显，成鱼则不显著。各鳍灰褐色带黄色光泽。

## / 花尾胡椒鲷 /

*Plectorhinchus cinctus* (Temminck & Schlegel, 1843)

主要栖息于沿岸的岩礁区。属于肉食性的鱼类，以甲壳类及小鱼为食。体黄褐色，体侧具 3 条粗斜带，背及尾鳍灰黄色且散布许多黑色斑点。

脊索动物门 | Chordata 辐鳍鱼纲 | Actinopterygii 鲈形目 | Perciformes 拟鲈科 | Pinguipedidae

## / 六带拟鲈 /

*Parapercis sexfasciata* (Temminck & Schlegel, 1843)

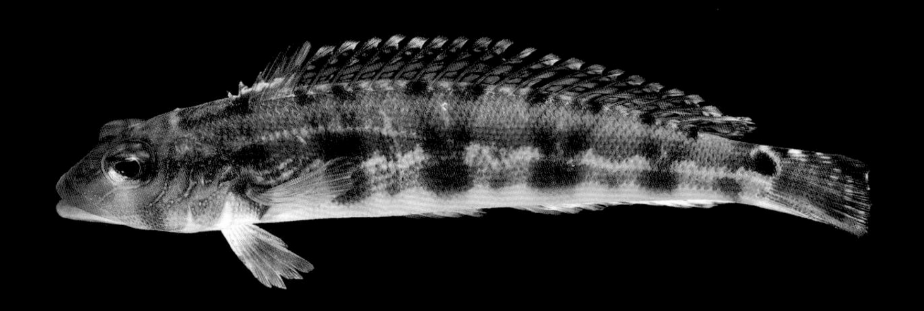

主要栖息于沙泥底质的海域，以底栖生物为食。体淡青色而偏红，体侧上半部有 5 ～ 6 条暗色横带，其上端分叉，至侧线下则合而为一，呈“V”形。眼下方具 1 条暗色垂直横带，胸鳍基部具黑斑，尾基上方具 1 个白边黑斑。

脊索动物门 | Chordata 辐鳍鱼纲 | Actinopterygii 鲈形目 | Perciformes 蝴蝶鱼科 | Chaetodontidae

## / 朴蝴蝶鱼 /

*Roa modesta* (Temminck & Schlegel, 1844)

栖息于近岸岩礁间。体银白色，体侧具 2 条宽黄褐色横带。头部具黄褐色的眼带延伸至背鳍软条部具 1 个镶白缘黑斑。

脊索动物门 | Chordata 辐鳍鱼纲 | Actinopterygii 鲈形目 | Perciformes 花鲈科 | Lateolabracidae

## / 中国花鲈 /

*Lateolabrax maculatus* (McClelland, 1844)

主要栖息于河口水域，也可生活于淡水中。性凶猛，主要摄食鱼类和甲壳类。体背部青灰色，两侧及腹部银白色，体侧上部散布黑点。背鳍鳍膜具黑色斑点，尾鳍、臀鳍、胸鳍灰色。

## / 条纹鸡笼鲳 /

*Drepane longimana* (Bloch & Schneider, 1801)

主要栖息于沿海礁区及礁石与泥沙交错的地方，偶尔进入河口觅食，以底栖无脊椎动物为主食。体灰色，体侧具 4 ~ 9 条黑色横带。颏部有细触须数对。

## / 斑点鸡笼鲳 /

*Drepane punctata* (Linnaeus, 1758)

主要栖息于沿海礁区及礁石与泥沙交错的地方，偶尔也会游到河口觅食，为杂食性鱼种，以底栖无脊椎动物为主食。体银灰色，体侧具 4 ~ 11 条由黑点形成的横带。颏部具一簇细触须。

## / 金钱鱼 /

*Scatophagus argus* (Linnaeus, 1766)

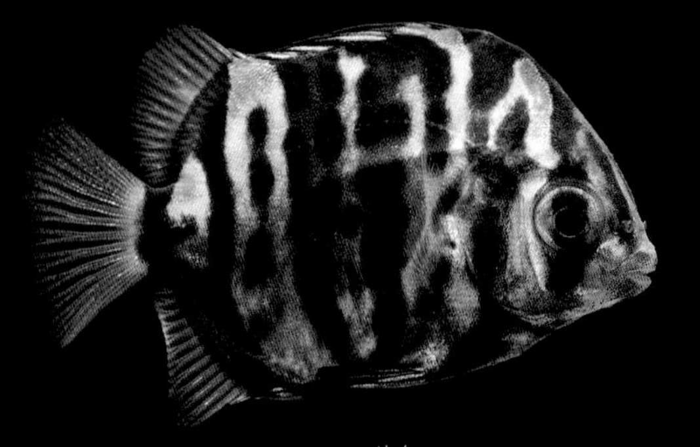

幼鱼

栖息于近岸岩礁或海藻丛生海域，幼鱼常进入河口咸淡水中。杂食性，主要以蠕虫、甲壳类、水栖昆虫及藻类碎屑为食。背鳍棘尖锐且具毒性。体褐色，腹部较淡，体侧具略呈圆形的黑斑。幼鱼体侧黑斑明显较多。背鳍、臀鳍及尾鳍具黑色斑点。头部具2条黑色横带。

## / 日本金线鱼 /

*Nemipterus japonicus* (Bloch, 1791)

栖息于沿岸及近海沙泥底质的水域。以甲壳类、头足类或其他小鱼等为食。体粉红色，腹面银白，体侧有11 ~ 12 条黄色纵线，侧线起始处下方具1个红色光泽黄斑。背鳍基部具1条向后逐渐宽大的淡黄色纵带，臀鳍具数条破碎的淡黄色纵带。尾鳍上下叶末端呈尖形，上叶呈丝状延长。

## / 伏氏眶棘鲈 /

*Scolopsis vosmeri* (Bloch, 1792)

栖息于礁岩区，游泳时以一游一停的方式前进，以小鱼、虾或软体动物为主食。体呈褐红色。鳃盖1条白色宽纹，由头背部一直延伸至颊部。鳃膜深红色。各鳍内侧橘褐色，外侧黄色。

脊索动物门 | Chordata 辐鳍鱼纲 | Actinopterygii 鲈形目 | Perciformes 锦䲁科 | Pholidae

## / 粗棘锦䲁（wèi） /

*Pholis crassispina* (Temminck & sclegel, 1845)

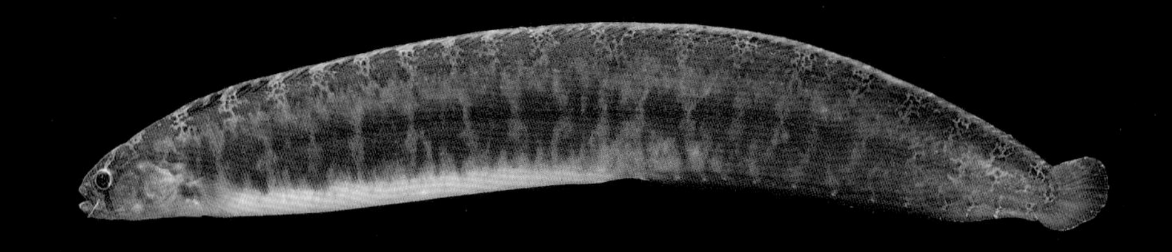

栖息于近岸岩礁、海藻和石砾间。主要以浮游生物为食。背侧淡灰褐色，腹面浅黄。背面、体侧、背鳍和臀鳍有多块暗色云状斑，排列整齐。眼下方具黑横带，尾鳍褐色。

脊索动物门 | Chordata 辐鳍鱼纲 | Actinopterygii 鲈形目 | Perciformes 军曹鱼科 | Rachycentridae

## / 军曹鱼 /

*Rachycentron canadum* (Linnaeus, 1766)

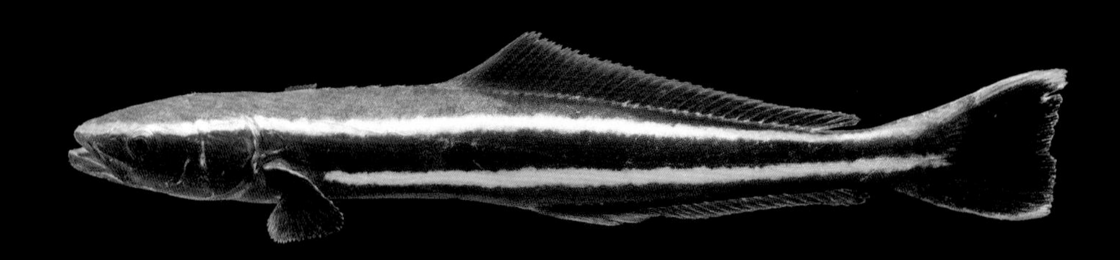

活动水域极广，栖地多样性，甚至偶见于河口水域。幼鱼会随着大型的鲨、魟等鱼种一同游动，以大型鱼吃剩的碎屑为食。随着成长，身上花纹会变淡，食性也渐转为掠食性，以小型鱼类、乌贼及甲壳类等为食。体背部深褐色，腹部淡而略带黄色。体侧具明显的 2 条银色纵带，幼鱼时，在两带上方有 1 条淡色纵带，两带之间则为黑色。

## / 四带牙鯻(là) /

*Pelates quadrilineatus* (Bloch, 1790)

主要栖息于沿海及河口水域，主要以小型水生昆虫及底栖的无脊椎动物为食。体呈银白色。体侧具 4 条细长平行的黄褐色纵带，鳃盖后上角具 1 个不明显的黑斑；背鳍第 4 ～ 8 间鳍膜具 1 个大黑斑。

## / 尖突吻鯻(là) /

*Rhynchopelates oxyrhynchus* (Temminck & Schlegel, 1842)

栖息于岩礁附近的沿岸海区，也可生活于河口水域。以虾、蟹等底栖动物和小鱼为食。体银灰色，具 4 条暗色平行纵带。背鳍鳍棘部基底和上端具红色斑纹。

## / 细鳞鯻(là) /

*Terapon jarbua* (Forsskål, 1775)

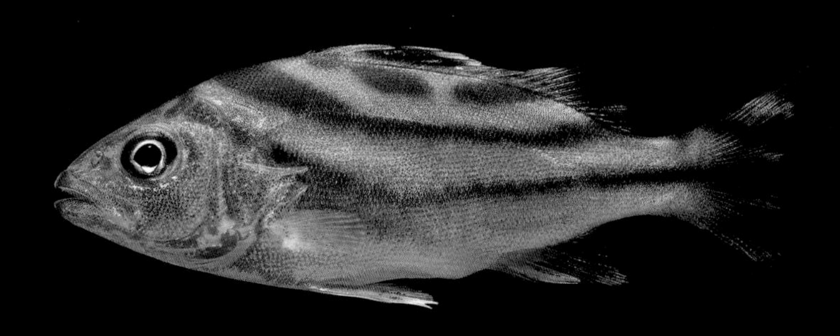

栖息于沙底、石砾底质或礁石附近的沿岸浅海区。可生活于咸淡水及淡水中。以小型鱼类、甲壳类及 其他底栖无脊椎动物为食。体背黄褐色，腹部银白色。体侧具 3 条棕色弧形纵带。背鳍第 4 ～ 7 鳍棘的鳍膜间具 1 个大黑斑，鳍条部上端具 2 个小黑斑。尾鳍上下叶有斜走之黑色条纹，中央具 1 条黑色条纹。

là

## / 条纹鯻 /

*Terapon theraps* Cuvier, 1829

栖息于沙底、石砾底质或礁石附近的沿岸浅海区。可生活于咸淡水及淡水中。以小型鱼类、甲壳类及其他底栖无脊椎动物为食。体背部灰褐色，腹部色浅。体侧有 4 条棕色纵带，尾鳍上有 5 条黑斑带。

脊索动物门 Chordata 辐鳍鱼纲 Actinopterygii 鲈形目 Perciformes 蓝子鱼科 Siganidae

## / 长鳍蓝子鱼 /

*Siganus canaliculatus* (Park, 1797)

栖息于近海藻类丛生的水域，亦常出现于河口或河流下游。杂食性，以藻类及小型无脊椎动物为食。体黄绿色，背部色较深，腹部色较浅。头部和体侧散具许多暗白色点斑，各鳍浅黄色。各鳍鳍棘尖锐且具毒腺。

## / 蓝猪齿鱼 /

*Choerodon azurio* (Jordan & Snyder, 1901)

主要栖息于岩岸礁区。以底栖性生物为主食，利用 2 对尖锐犬齿，轻易咬碎贝类及甲壳类等。体呈浅红褐色，胸鳍上方有 2 条斜向背鳍基部的相邻斜带，其中前方 1 条颜色为黑色至暗褐色，后方 1 条则为白色至粉红色。幼鱼全身红褐色，斜带随成长而出现。上下颌突出，前端具 4 个大犬齿。

## / 云斑海猪鱼 /

*Halichoeres nigrescens* (Bloch & Schneider, 1801)

主要栖息于近海沿岸沙泥底质的礁区。以底栖性甲壳类、软体动物及小鱼等为食。具性转变的行为，属于先雌后雄型。体绿褐色，背侧较深，腹侧淡白，体侧背部有 4 ~ 5 个暗色宽垂直斑，或扩散成 4 ~ 5 对窄垂直斑或消失。由眼至吻端及眼至上颌各有 1 条深色纹。

## / 花鳍副海猪鱼 /

*Parajulis poecilepterus* (Temminck & Schlegel, 1845)

雌鱼

主要栖息于近海沙底质的礁区，以底栖性动物为食。体背侧淡黄褐色，体腹侧淡黄色至白色。体侧从吻端经眼至尾鳍基具1条黑色宽纵带，各鳞片具1个橙红色至鲜黄色点，背、臀鳍具成纵列的橙红色至橙黄色点，尾鳍具成横列的红点。雌鱼眼下从口角至鳃盖缘另具1条不明显的细橙纹，胸鳍上方大黑斑不显；雄鱼体侧纵带色较淡，但胸鳍上方具1个大黑斑，眼前具1条橙色细纹至吻端。

## / 纵带盔鱼 /

*Coris picta* (Bloch & Schneider, 1801)

主要栖息于近海沿岸的礁区。以底栖性甲壳类、软体动物及小鱼等为食。体上半部分有黑色锯齿条，下半部分为白色。成熟的个体胸鳍、腹鳍、臀鳍和尾鳍全部为黄色，幼鱼随着成长，尾鳍会变为黄色。

## / 双带黄鲈 /

*Diploprion bifasciatum* Cuvier, 1828

主要栖息于岩礁洞穴或缝隙中，以鱼及甲壳类为食。体前半部淡黄色，后半部黄色，体侧有 2 条暗灰色宽横带，其中 1 条在头部，另 1 条在体中部。除背鳍硬棘部暗色，腹鳍具黑缘外，各鳍为黄色。幼鱼的背鳍第 2 及第 3 棘特别延长、呈丝状。

## / 赤点石斑鱼 /

*Epinephelus akaara* (Temminck & Schlegel, 1842)

栖息于岩礁底质的海域。肉食性，主要摄食鱼类和虾类。体灰褐色。头部、体侧和鳍上散布小型橙黄色、红色或橘色斑点。体侧另具 6 条不明显的暗横带。背鳍基底具 1 个黑斑，背鳍鳍棘部与软条部相连，无缺刻。尾鳍圆形。

## / 青石斑鱼 /

*Epinephelus awoara* (Temminck & Schlegel, 1842)

主要栖息于沙泥底质海域。以鱼类为主食。头部及体侧上半部呈灰褐色，腹部则呈金黄色或淡色。体侧具 4 条暗色横斑，尾柄处具 1 条横斑，另在头颈部具 1 个不明显的横斑。头部及体侧散布着小黄点。背、臀鳍软条部及尾鳍具黄缘。

## / 点带石斑鱼 /

*Epinephelus coioides* (Hamilton, 1822)

主要栖息于沿岸礁区，亦常被发现于河口。以鱼类及甲壳类为食。头部及体背侧黄褐色，腹侧淡白。头部、体侧及鳍散布许多橘褐色或红褐色小点。体侧另具 5 条不显著、不规则、斜的及腹侧分叉的暗横带。

## / 云纹石斑鱼 /

*Epinephelus bruneus* Bloch, 1793

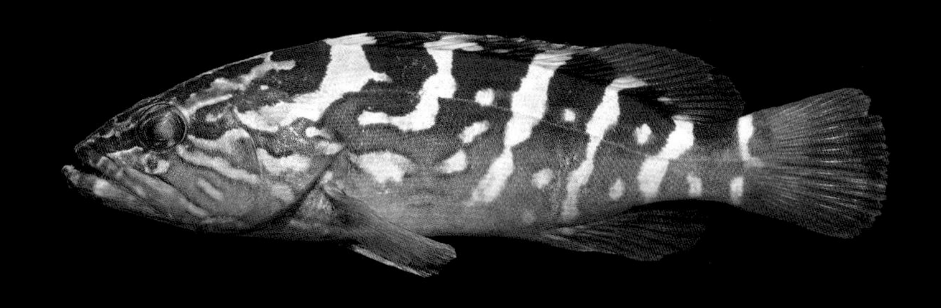

主要栖息于沿岸礁区，以鱼类及甲壳类为食。体褐色或棕色，具 6 条暗棕色横带，各横带下方多分支且散布云状白色斑块，背鳍鳍棘膜末端黄绿色。

脊索动物门 | Chordata 辐鳍鱼纲 | Actinopterygii 鲈形目 | Perciformes 双边鱼科 | Ambassidae

## / 眶棘双边鱼 /

*Ambassis gymnocephalus* (Lacepède, 1802)

栖息于河口水域，以其他小型水生动物为食。通体半透明，具眶上棘。第 1 背鳍的第 2、3 鳍棘间为灰黑色。

## / 孟加拉豆娘鱼 /

*Abudefduf bengalensis* (Bloch, 1787)

栖息于沿岸较浅的岩礁区，杂食性，以动物性浮游生物和藻类为食。体呈灰黄色或黄褐色，体侧有7条黑色横带，其中第1条位于鳃盖上方，较不明显，第7条在尾柄上，有时亦不太明显。胸鳍基底有1个黑斑。

## / 豆娘鱼 /

*Abudefduf sordidus* (Forsskal, 1775)

栖息于沿岸浅水岩礁区，以藻类为食。体呈灰白至淡黄色，体侧有6 ~ 7条暗灰色横带，有时不显。尾柄具1个大黑圆斑，胸鳍基底上方有1个小黑斑。

## / 烟色光鳃鱼 /

*Chromis fumea* (Tanaka, 1917)

主要栖息于近海沿岸礁区。主要以浮游动物为食。体呈灰色至黄褐色，腹部淡色。背鳍基底末缘下方具1个白斑，胸鳍基部上缘具1个小黑斑，尾鳍上下叶中央各具1条暗色宽纵带。幼鱼体色一致偏黄。

## / 尾斑光鳃鱼 /

*Chromis notata* (Temminck & Schlegel, 1843)

主要栖息于近海沿岸礁区，主要以浮游动物为食。体灰褐色至紫褐色，背鳍与臀鳍黑褐色。尾鳍上下叶为黑褐色而有淡灰色外缘，中央部分为淡灰色。胸鳍基底有1个黑斑。尾鳍后缘叉状，上下叶均延长呈丝状。

脊索动物门 | Chordata 辐鳍鱼纲 | Actinopterygii 鲈形目 | Perciformes 沙鮻科 | Sillaginidae

## / 少鳞鱚(xǐ) /

*Sillago japonica* Temminck & Schlegel, 1843

栖息于沙底质海域，常出现在浅水沙滩或海湾内。主要以多毛类及甲壳类为食。体背侧土褐色至淡黄褐色，腹侧灰黄色，腹部近于白色。各鳍透明。侧线与第1背鳍间鳞片有3行。

## / 青羽若鲹（shēn） /

*Carangoides coeruleopinnatus* (Rüppell, 1830)

幼鱼

成鱼主要巡游于近海及大洋中，以甲壳类、小鱼为食。体背蓝灰色，腹部银白。幼鱼时，背、腹部轮廓相当。随着成长头背轮廓中度弯曲，头部肿块凸起消失。

## / 及达副叶鲹（shēn） /

*Alepes djedaba* (Forsskål, 1775)

幼鱼

栖息于近沿海礁区。以无脊椎动物及小鱼为食。体背蓝绿色，腹部银白。鳃盖后缘上方有1个黑斑。第 2 背鳍前方鳍条暗色，且具白缘。尾鳍黄色而具黑缘。

## shēn
## / 蓝圆鲹 /

*Decapterus maruadsi* (Temminck & Schlegel, 1843)

常聚集成群、巡游于近海。主要以滤食浮游性无脊椎动物为生。体背蓝绿色，腹部银白。背鳍、胸鳍黄绿色或稍淡，尾鳍黄绿色，第 2 背鳍尖端稍白色。

## shēn
## / 长颌似鲹 /

*Scomberoides lysan* (Forsskål, 1775)

幼鱼

栖息于近海礁石区，幼鱼可出现在岸边或河口。主要以小鱼及甲壳类为食。体背蓝黑色，腹部银白色。头侧眼上缘具 1 条黑色短纵带，体侧沿侧线上下各具 1 列 6 ~ 8 个铅灰色圆斑，幼鱼期没有圆斑。

## / 棘头梅童鱼 /

*Collichthys lucidus* (Richardson, 1844)

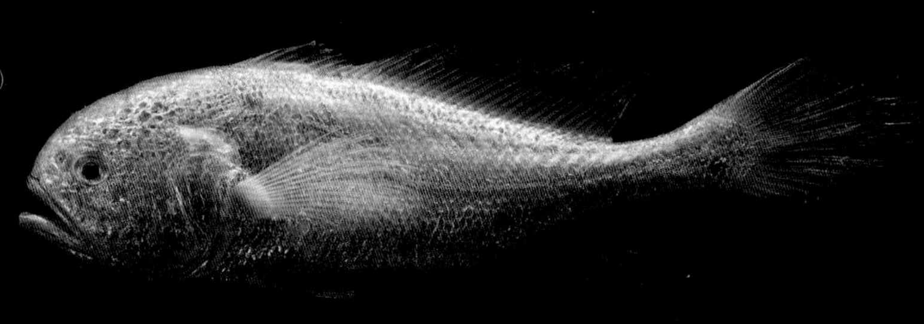

主要栖息于河口及沙泥底质中下层水域，以小甲壳类等底栖动物为食。体金黄色，下颌口缘粉红色。尾鳍尖形。

## / 丁氏叫姑鱼 /

*Johnius distinctus* (Tanaka, 1916)

主要栖息于沿岸沙泥底质水域，会进入河口水域。肉食性，以底栖生物为食。体侧上半部紫褐色，下半部银白色。自胸鳍基后，体中央具 1 条宽的银白色带，沿侧线另具 1 条细银白色带。尾鳍黄褐色，臀鳍及腹鳍橙黄色。鳔能发出喀喀声。

## / 褐毛鲿(cháng) /

*Megalonibea fusca* Chu, Lo & Wu, 1963

喜栖息于岩礁流急海域，昼伏夜动。性凶猛，捕食鱼类。体黑褐色，鳞橙褐色，腹部银灰色。

## / 皮氏叫姑鱼 /

*Johnius belangerii* (Cuvier, 1830)

主要栖息于沿岸沙泥底质水域。夜行性。肉食动物，以底栖生物为食。体侧上半部灰褐色，下半部浅灰褐色。背鳍褐色，末缘黑色。腹、臀鳍上半部黄褐色，下半部深色。尾鳍前半部黄褐色，后缘黑色。尾部楔形。鳔能发出喀喀声。

## / 黄姑鱼 /

*Nibea albiflora* (Richardson, 1846)

主要栖息于沿岸沙泥底质海域，以小型甲壳类及小鱼等底栖动物为食。体侧上半部紫褐色，下半部银白带橙黄色，体侧每鳞片皆具褐斑，呈向前下方倾斜的条纹。

## / 银姑鱼 /

*Pennahia argentata* (Houttuyn, 1782)

主要栖息于河口、近海沿岸的沙泥底质海域。以小型鱼类、甲壳类等为食。体侧上半部紫褐色，下半部银白色。背鳍褐色，软条部中间有1条银白色带，尾鳍黑色，臀鳍无色，腹鳍和胸鳍无色。鳃盖后缘具暗色斑块。

脊索动物门 Chordata 辐鳍鱼纲 Actinopterygii 鲈形目 Perciformes 石鲷科 Oplegnathidae

## / 条石鲷 /

*Oplegnathus fasciatus* (Temminck & Schlegel, 1844)

栖息于岩礁区。肉食性，齿锐利，可咬碎贝类或海胆等坚硬外壳。体黄褐色，体侧及头部眼带共有 7 条黑色横带。胸、腹鳍黑色，余鳍较淡而有黑缘。

脊索动物门 Chordata 辐鳍鱼纲 Actinopterygii 鲈形目 Perciformes 汤鲤科 Kuhliidae

## / 汤鲤 /

Kuhlia marginata (Cuvier, 1829)

主要栖息于河口水域或溯入淡水之中。肉食性，以小鱼、甲壳类及水生昆虫等为摄食对象。体背银褐色，腹部银白。体侧上半部及背部散布不规则的暗褐色斑点，幼鱼较明显。各鳍为淡灰黄色，尾鳍具宽的黑色缘。

## / 锯嵴塘鳢 /

lǐ

*Butis koilomatodon* (Bleeker, 1849)

多栖息于河口、沙岸沿海的泥沙底质水域中。穴居生活，以摄食小鱼及甲壳类等为生。体褐色，体侧有 6 条暗色横带，有时横带会不明显。眼下方及眼后下方常具有 2 ～ 3 条辐射状灰黑色的条纹。

## / 中华乌塘鳢 /

lǐ

*Bostrychus sinensis* Lacepède, 1801

栖息于近海滩涂的洞穴中，也栖息于河口或淡水内。摄食虾类和蟹类。体灰褐色，腹面浅色。尾鳍基底上端具 1 个带有白边的黑色眼状斑。

## / 截尾银口天竺鲷 /

*Jaydia truncata* (Bleeker, 1855)

主要栖息于泥沙底质海域。以多毛类或其他底栖无脊椎动物为食。体银灰色，体侧有垂直横带。第 1 背鳍上半部黑色，第 2 背鳍和臀鳍具黑色条纹。头顶部及下颚散布黑点。

## / 细条天竺鲷 /

*Apogon lineatus* Temminck & Schlegel, 1842

栖息于近海岸边至深海区的沙泥底质海域。以多毛类或其他底栖无脊椎动物为食。体灰色，有时带蓝或银色，体侧有 8 ~ 12 窄横带。

## / 垂带似天竺鲷 /

*Apogonichthyoides cathetogramma* (Tanaka, 1917)

栖息于近海沙泥底质的海域，以底栖无脊椎动物为食。体淡紫色，第 1 背鳍及第 2 背鳍下方各具 1 条黑色带，尾柄中央另具 1 个小黑圆点。

## / 宽条鹦天竺鲷 /

*Ostorhinchus fasciatus* (White, 1790)

栖息于近海沿岸沙泥底质海域，以底栖无脊椎动物为食。体银灰色，体侧具 2 条水平纵带：上方的细小，延伸至第 2 背鳍后；中央的较粗宽，自吻端延伸到尾鳍末端，宽带下方具 13 ~ 15 条不显著的横纹。

## / 单色天竺鲷 /

*Apogon unicolor* Steindachner & Döderlein, 1883

主要栖息于近海沿岸礁区。以浮游动物或其他底栖无脊椎动物为食。体红色。眼大，眼后缘锯齿。前鳃盖棘后缘呈锯齿状。尾叉状。

## / 侧带鹦天竺鲷 /

*Ostorhinchus pleuron* (Fraser, 2005)

栖息于近海沿岸的沙泥底质礁区。以底栖无脊椎动物为食。体呈淡红色。腹侧具 6 条以上侧纹。

## / 赖氏犁齿鳚(wèi) /

*Entomacrodus lighti* (Herre, 1938)

主要栖息于岩石岸的潮间带，以藻类、碎屑和小型无脊椎动物为食。体色橄榄灰，体侧有 6 ~ 7 对黑色带。鼻须掌状分支，眼上须单一不分支。颈部有小型针状皮瓣。上唇中央部分具锯齿缘，下唇平滑。

## / 斑点肩鳃鳚(wèi) /

*Omobranchus punctatus* (Valenciennes, 1836)

常栖息于河口水域。对盐度的剧烈变化忍受力极强，善跳跃。杂食性，以藻类及浮游动物为食。体黄绿色，体侧具数道不明显的深色横带。头部具 4 条暗带，眼后有 1 个卵形大黑点。头部上方具 1 个明显的皮质头冠。

## / 斑头肩鳃鳚(wèi) /

*Omobranchus fasciolatoceps* (Richardson, 1846)

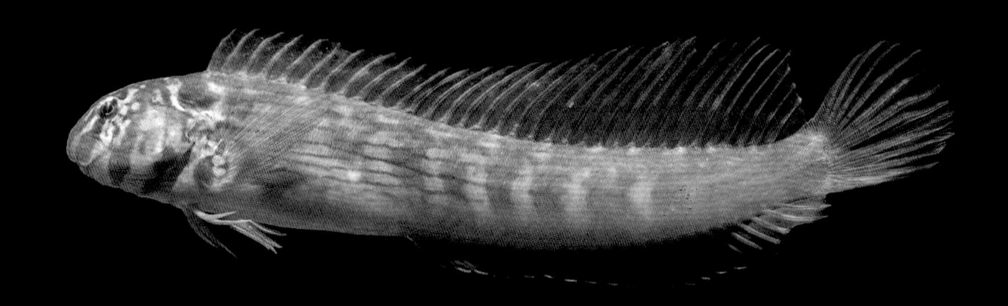

常栖息于河口水域。对盐度的剧烈变化耐受力极强，善跳跃。杂食性，以藻类及浮游动物为食。雄鱼头部有 3 条暗带环绕，眼前、眼后与鳃盖各具 1 条，颈部两侧具黑斑，体侧背部前 3/4 有 3 ~ 5 条黑色纵线，胸鳍基部有 1 个大暗斑。头顶无冠膜，背、臀鳍与尾柄相连。

## / 八部副䲁 /

wèi

*Parablennius yatabei* (Jordan & Snyder, 1900)

主要栖息于潮间带岩礁区。以藻类与碎屑为食。体为浅褐色，体侧散布深褐色点，另有 7 ~ 8 条横带，喉部具纹斑。背鳍、臀鳍及尾鳍散布杂斑及条纹。具 2 条丝鼻须，眼上须呈掌状分支。

## / 短头跳岩䲁 /

wèi

*Petroscirtes breviceps* (Valenciennes, 1836)

主要栖息于沿岸礁石区或河口水域，以藻类、碎屑和小型无脊椎动物为食。体色为灰黄至灰褐色。头与身体具小褐斑，体侧另有 5 ~ 7 条不明显的淡褐横带，体侧中央上方自眼至尾鳍有 1 条宽黑褐色带。下颌具利牙。

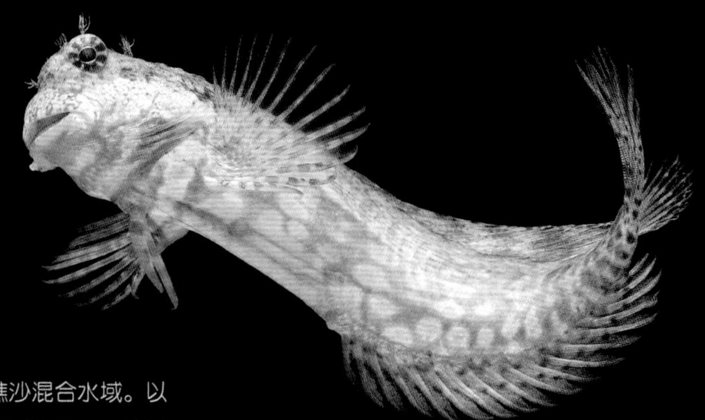

## / 细纹凤䲁 /

wèi

*Salarias fasciatus* (Bloch, 1786)

栖息于近海沿岸具藻丛的礁沙混合水域。以藻类、碎屑等为食。体褐色，背侧较绿暗，体侧约有 9 条不规则横花斑，体前半部有许多黑色细纵纹及小黑点。鼻须、眼上须和颈须具分支。

脊索动物门 | Chordata 辐鳍鱼纲 | Actinopterygii 鲈形目 | Perciformes 䲢科 | Uranoscopidae

## / 东方披肩䲢(téng) /

*Ichthyscopus pollicaris* Vilasri, Ho, Kawai & Gomon, 2019

主要栖息于近海沿岸的沙泥底质水域。能潜入沙中保持静止不动，伏击经过的猎物。体背面褐色，具许多大白斑，腹面浅色。背鳍中央有1列黄白纹，臀鳍与腹鳍白色，胸鳍淡褐色，尾鳍淡黄色。头宽大，覆骨板。口中大，近垂直。尾鳍截形。

脊索动物门 | Chordata 辐鳍鱼纲 | Actinopterygii 鲈形目 | Perciformes 𫚥科 | Callionymidae

## / 香斜棘𫚥(xián) /

*Repomucenus olidus* (Günther, 1873)

栖息于河口及沿海水域，喜躲藏于水底沙砾中。常进入淡水水域觅食，游动缓慢，摄食小型软体动物和蠕虫。体灰褐色，密布暗色斑纹，背面有时隐具5 ~ 6个暗色横纹。头平扁，背视三角形。吻短而尖突。第1背鳍呈黑色。

## / 双带副绯鲤 /

*Parupeneus biaculeatus* (Richardson, 1846)

主要栖息于浅水礁区水域，喜欢在沙底或软泥底上觅食，以底栖无脊椎动物为食。背侧浅红棕色，腹侧白色至粉红色。体表有 2 条平行的暗红至深黄褐色纵带。颏部缝合处具 1 对白色长须。

## / 日本绯鲤 /

*Upeneus japonicus* (Houttuyn, 1782)

栖息于沿岸及近海沙泥底质水域，利用长须翻动沙泥，摄食底栖的软体动物及甲壳类。体浅红色。头上半部与尾鳍下半部较红，背鳍具 2 ~ 3 条水平红色带，尾鳍上半叶具 3 条宽红色带。颏部缝合处具 1 对长须。

## / 黑斑绯鲤 /

*Upeneus tragula* Richardson, 1846

栖息于沙泥底质海域，常游到河口水域及江河下游。利用须翻动沙泥，寻找底栖的软体动物及甲壳类。头部及体侧自吻端经眼至尾鳍基部具 1 条红褐色至黑色的纵带，背鳍棘部具有 1 个暗红色至黑色之大斑。尾鳍上叶具 4 ~ 6 条斜灰黑或红褐斜带，下叶则具 5 ~ 8 条。颏部缝合处具 1 对长须。

## / 矛尾刺虾虎鱼 /

*Acanthogobius hasta* (Temminck & Schlegel, 1845)

栖息于沿海、港湾及河口咸淡水交混处底质为淤泥或泥沙的水域，也会进入淡水。性凶猛，摄食各种幼鱼、虾、蟹和小型软体动物。体呈淡黄色，体侧常具数个黑色斑块，较人个体的斑块则不明显。臀鳍下缘呈橘黄色，胸鳍和腹鳍为淡黄色，尾鳍基部常有1个黑斑。

## / 短吻细棘虾虎鱼 /

*Acentrogobius brevirostris* (Günther, 1861)

常栖息于浅海及河口水域。摄食无脊椎动物。体红褐色，腹部白色。前鳃盖骨及鳃盖具小蓝色圆斑。

## / 犬牙细棘虾虎鱼 /

*Acentrogobius caninus* (Valenciennes, 1837)

栖息于浅海及河口水域，摄食无脊椎动物。体棕色，腹部浅色。体侧具 5 个大暗斑，背面具 5 个暗色横斑，胸鳍基底上方有 1 个黑色圆斑，背鳍、尾鳍及臀鳍灰黑色，具暗色条纹。

## / 香港深虾虎鱼 /

*Bathygobius meggitti* (Hora & Mukerji, 1936)

栖息于浅海滩涂、河口咸淡水处或淡水中。摄食小虾和幼鱼。体呈淡褐色或棕褐色，头部灰棕色，体侧和项部具 5 ~ 6 条灰褐色横带或具不规则的横带与纵带交错的云斑纹。

## / 矛尾虾虎鱼 /

*Chaeturichthys stigmatias* Richardson, 1844

栖息于河口或沙泥底质沿岸海域，也可进入江河下游淡水中。主要摄食桡脚类、多毛类、虾类等底栖无脊椎动物。体黄褐色，头及体侧背方均布有不规则暗色斑纹。下颌腹面有短小触须 3 对。

## / 绿斑细棘虾虎鱼 /

*Acentrogobius chlorostigmatoides* (Bleeker, 1849)

栖息于沿海近岸及河口水域，偶尔也进入江河下游淡水水体处。以底栖甲壳类、软体动物、棘皮动物及多毛类为食。体褐色或暗灰色，腹部浅色。鳃盖后上方肩具 1 个浅蓝色小斑。各鳍灰色或暗灰色，尾鳍基部上方具 1 个大暗斑。

## / 谷津氏丝虾虎鱼 /

*Cryptocentrus yatsui* Tomiyama, 1936

栖息于近海沿岸及河口水域。肉食性，以小型甲壳类、鱼类为食。体呈黄褐色或浅褐色，腹部灰白色。头部具不规则的褐色斑点或短纹，体背侧自鳃盖上部至尾柄上部具数个蓝色小斑块，体侧则具 2 ~ 3 列不规则的褐色较大斑块。第 1 背鳍的第 2、3 根棘条延长呈丝状。尾鳍基部有 1 个蓝色斑块。

## / 金黄叉舌虾虎鱼 /

*Glossogobius aureus* Akihito & Meguro, 1975

栖息于浅海滩涂、海边礁石、河口水域。摄食小虾和幼鱼。体灰褐色，背部暗色，隐具 5 至 6 个褐色横斑。体侧中部具 4~5 个较大暗斑。

## / 斑纹舌虾虎鱼 /

*Glossogobius olivaceus* (Temminck & Schlegel, 1845)

栖息于浅海滩涂、河口水域。摄食小虾和幼鱼。体棕褐色，背部深暗，腹面较淡。体侧中部具 4 至 5 个大暗斑，背部具 3 至 4 个褐色宽阔横斑。

## / 横带裸身虾虎鱼 /

*Gymnogobius transversefasciatus* (Wu & Zhou, 1990)

栖息于河口水域及沿岸海水中。摄食海水底栖无脊椎动物。体浅棕色，头部散具小黑斑。体侧具 9 ～ 10 条不规则暗色宽横纹，近尾鳍基处具黑色斑块。

## / 斑点竿虾虎鱼 /

*Luciogobius guttatus* Gill, 1859

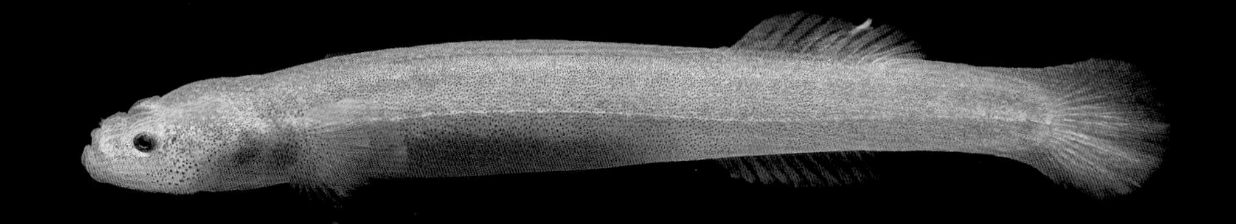

栖息河口水域沙石和岩石之间的缝隙中。捕食小型无脊椎动物。体淡褐色至暗褐色，密布细小黑点。无第 1 背鳍，第 2 背鳍颇低，位于身体后部。

## / 康培氏衔虾虎鱼 /

*Istigobius campbelli* (Jordan & Snyder, 1901)

栖息于底质为泥沙的浅海及河口水域。摄食底栖无脊椎动物。体灰褐色，腹部浅白色。体侧常隐具 5 条暗色横带，眼后方在鳃盖上缘具 1 条黑色纵带。背鳍及尾鳍灰色。

## / 项鳞沟虾虎鱼 /

*Oxyurichthys auchenolepis* Bleeker, 1876

栖息于近海沙泥底质区域，肉食性，以小鱼及小型底栖无脊椎动物为食。体呈浅棕色，腹部色浅。体侧具有 5 ～ 6 个不规则浅色斑块。

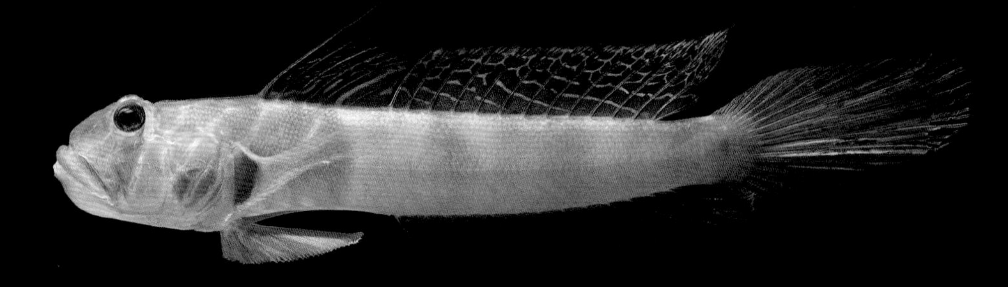

## / 阿部鲻(zī)虾虎鱼 /

*Mugilogobius abei* (Jordan & Snyder, 1901)

栖息于浅海滩涂、河口水域。摄食小虾和幼鱼。体褐色，体侧前部具不规则暗色横斑条，后部具 2 条暗色纵带，尾鳍具暗色纵纹数条。

## / 长丝犁突虾虎鱼 /

*Myersina filifer* (Valenciennes, 1837)

栖息于沿海礁岩区沙泥底质区域。肉食性，以小型无脊椎生物为食。体呈淡橄榄色，头散布青色小点。第1背鳍具黑斑，第2背鳍与尾鳍具淡红横带。第1背鳍棘延长呈丝状。

## / 粘皮鲻虾虎鱼 /

zī

*Mugilogobius myxodermus* (Herre, 1935)

栖息于浅海滩涂、河口水域。摄食小虾和幼鱼。头部及体浅棕色。头部具棕褐色虫状纹及斑点，体背面及体侧上部具不规则灰黑色斑点。

## / 拉氏狼牙虾虎鱼 /

*Odontamblyopus lacepedii* (Temminck & Schlegel, 1845)

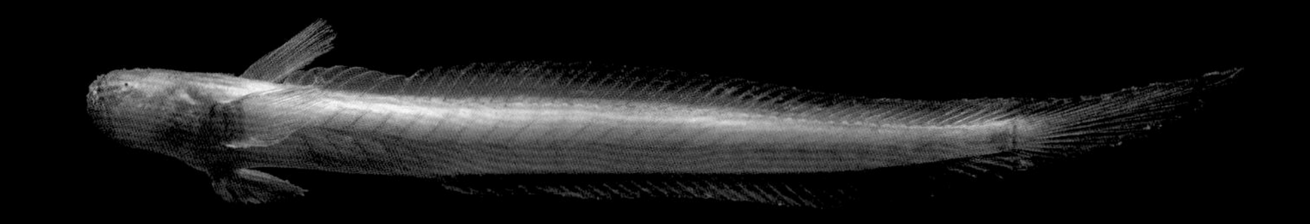

栖息在河口、近海等泥沙底质海域。肉食性，以甲壳类、小型鱼类为食。体呈粉红色。眼极小，退化，埋于皮下。背鳍连续，后方鳍条与尾鳍相连。尾鳍尖长。

## / 多须拟矛尾虾虎鱼 /

*Parachaeturichthys polynema* (Bleeker, 1853)

栖息于河口和近海底层。肉食性，以小型无脊椎生物为食。体棕褐色，腹部浅色，各鳍灰黑色，尾鳍基部上方具 1 个椭圆形白边黑色暗斑。下颌腹面两侧各具 1 纵行短须，颊部两侧各具 1 纵行较长小须。

## / 蜥形副平牙虾虎鱼 /

*Parapocryptes serperaster* (Richardson, 1846)

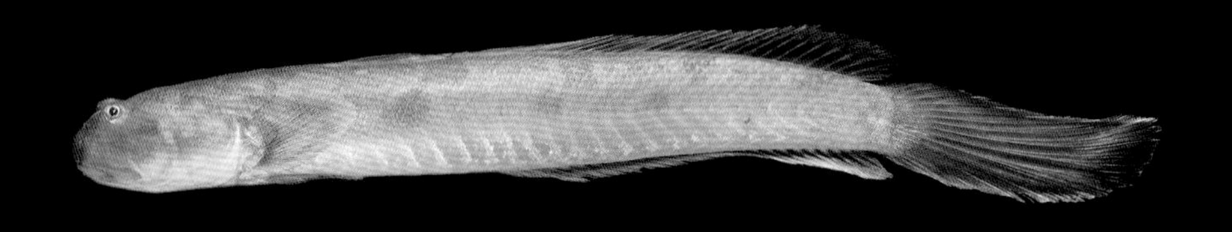

栖息于河口水域及近岸滩涂低潮区，亦可进入淡水。肉食性，以小型无脊椎生物为食。体呈浅棕色，项部及背侧隐具 6 个马鞍状斑块，体侧隐具 4 ~ 5 个暗色斑块，有时不明显。第一背鳍边缘黑色，其余各鳍暗灰色。

## / 伍氏拟髯虾虎鱼 /

*Eugnathogobius siamensis* (Fowler, 1934)

栖息于河口水域。摄食小虾及水生昆虫。头部及体浅棕色，体背面及体侧上部具不规则的灰黑色斑点。

## / 犬齿背眼虾虎鱼 /

*Oxuderces dentatus* Eydoux & Souleyet, 1850

栖息于河口水域及近岸滩涂低潮区，常依靠发达的胸鳍匍匐或跳跃于泥滩上。体呈褐色，腹部浅色。背鳍鳍条暗灰色，最后面的 3 个鳍条末端黑色，形成 1 个小黑斑。上颌缝合部两侧均具犬齿，下颌齿近于平卧，缝合部后端 2 个齿稍大，不呈犬齿状。

## / 须鳗虾虎鱼 /

*Taenioides cirratus* (Blyth, 1860)

栖息于红树林、河口、内湾的泥滩地。杂食性，以有机碎屑及小型底栖无脊椎动物为食。体红色带蓝灰色，腹部浅色。体长而侧扁，呈带状。眼小，退化，埋于皮下。上下颌具 6 ~ 12 个尖锐弯形的大牙突出唇外。背鳍、尾鳍、臀鳍互相连接为整体。

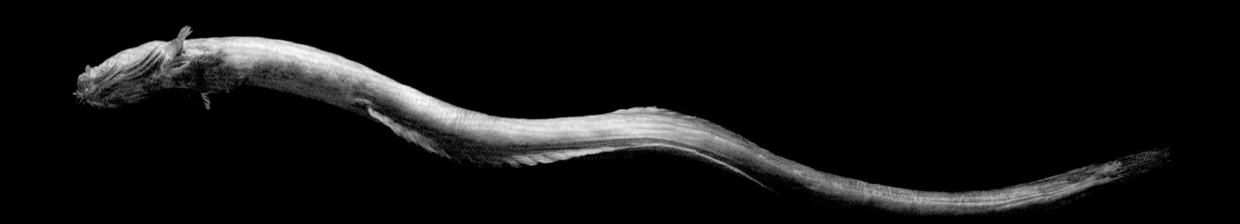

## / 髭(zī)缟虾虎鱼 /

*Tridentiger barbatus* (Günther, 1861)

栖息于河口以及内湾、沿海沙泥底质的水域中。肉食性，以小鱼、小型甲壳类为食。头、体呈黄褐色，腹部浅色。体侧常具 5 条宽阔的黑横带。臂鳍灰色。胸鳍及尾鳍灰黑色，具暗色横纹 5 ~ 6 条。

## / 孔虾虎鱼 /

*Trypauchen vagina* (Bloch & Schneider, 1801)

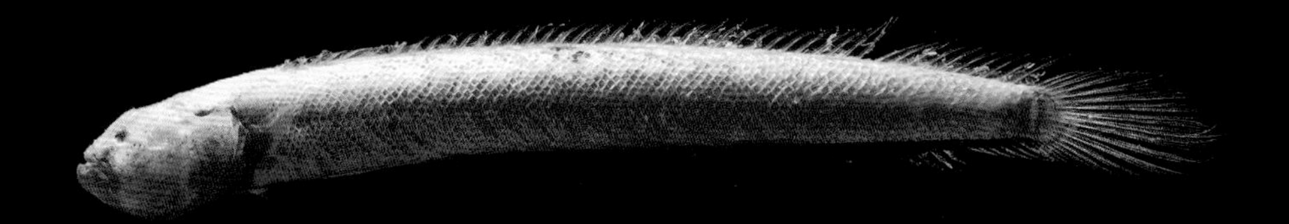

栖息于红树林、河口、内湾的泥滩地，常隐身于洞穴中。杂食性，以有机碎屑及小型无脊椎动物为食。体红褐色或紫红色，各鳍颜色相似。尾鳍尖形。

## / 裸项缟虾虎鱼 /

*Tridentiger nudicervicus* Tomiyama, 1934

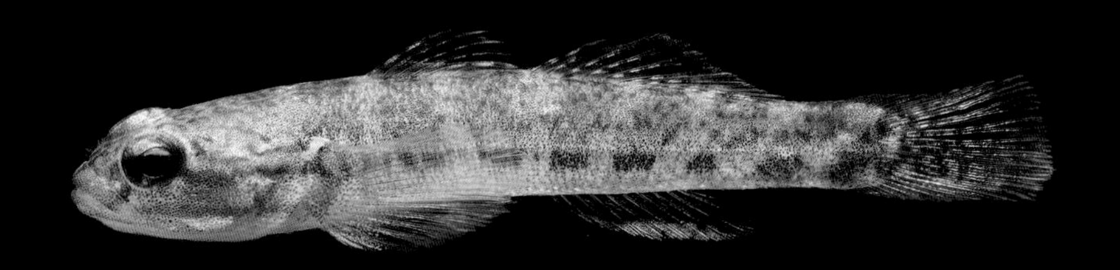

栖息于沿海河口的沙泥底质的水域里。肉食性，以小鱼及小型无脊椎动物为食。体色呈黄棕色，腹侧浅黄色。体侧具 1 条水平而稍向后方斜下的黑褐色纵带，颊部具有 2 条水平向的黑褐色纵带。尾鳍基部具有 2 个黑褐色的斑点。

## / 纹缟虾虎鱼 /

*Tridentiger trigonocephalus* (Gill, 1859)

生活于河口及近岸浅水处，也可进入江河下游淡水区或在河流上游的小溪中生活。摄食体型较小的幼鱼、钩虾、枝角类等。头、体灰褐色，头侧具不规则白斑。体侧常有1～2条黑褐色纵带及数条不规则横带，或仅有云状斑纹。颊部肌肉发达，隆突。胸鳍具游离鳍条。

## / 双带缟虾虎鱼 /

*Tridentiger bifasciatus* Steindachner, 1881

栖息于河口以及内湾、沿海沙泥底质的水域中。肉食性，主要以小鱼、小型甲壳类为食。体色呈黄棕色或褐色，雌鱼的体色较淡。雄鱼的体侧具褐色的横带，雌鱼则无此横带。雄鱼体两侧各有 2 条较明显的黑褐色纵线。颊部、鳃盖以及头腹面具有许多细小的圆白斑，胸鳍基部上方具1个大型黑斑，胸鳍上方无游离鳍条。

## / 弹涂鱼 /

*Periophthalmus modestus* Cantor, 1842

栖息于底质为淤泥、泥沙的高潮区或半咸水的河口滩涂。杂食性，主食浮游动物、昆虫、沙蚕、桡足类及枝角类等，也食底栖硅藻或蓝绿藻。体棕褐色。第1背鳍黑褐色，边缘白色。第2背鳍中部具1条黑色纵带，端部白色。

## / 大鳍弹涂鱼 /

*Periophthalmus magnuspinnatus* Lee, Choi & Ryu, 1995

栖息于底质为淤泥、泥沙的高潮区或半咸水的河口滩涂。穴居，退潮时在滩涂上觅食。体棕褐色。第1背鳍高耸，各鳍棘尖端短丝状，第1背鳍近边缘处具1条较宽黑纹。

## / 大弹涂鱼 /

*Boleophthalmus pectinirostris* (Linnaeus, 1758)

栖息于河口水域及红树林的半淡咸水域，以及沿岸海域的泥滩水域。杂食性，以有机质、底藻、浮游动物及其他无脊椎动物等为食。体背侧青褐色。第1背鳍具许多不规则蓝色小点，第2背鳍具蓝色斑块。第1背鳍较高，硬棘皆呈丝状延长。

## / 青弹涂鱼 /

*Scartelaos histophorus* (Valenciennes, 1837)

栖息于底质为淤泥、泥沙的高潮区或半咸水的河口滩涂。杂食性，摄食滩涂表层硅藻类、底栖小型无脊椎动物及有机碎屑。体蓝灰色，腹部较浅色。头背和体上部具黑色小点，体侧常具 5 ～ 7 条黑色狭横带。

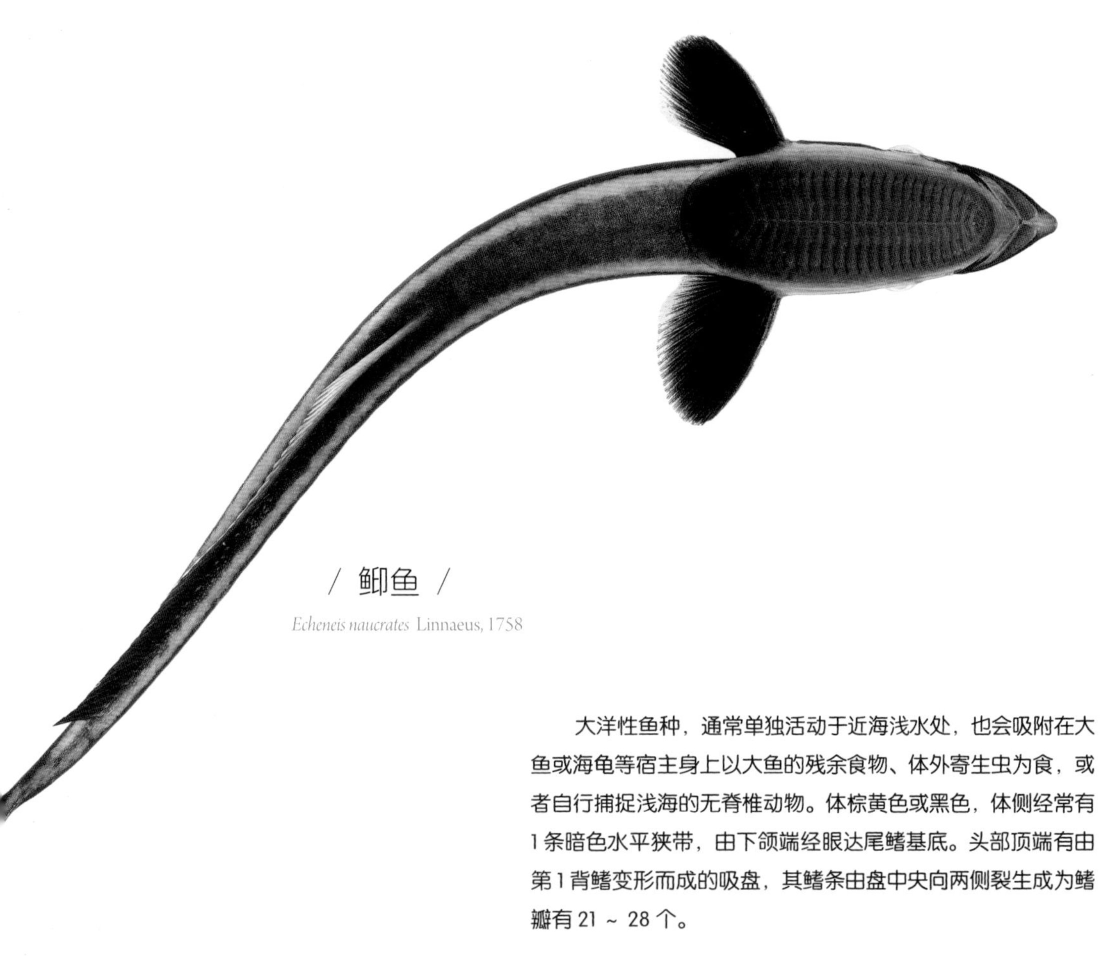

## / 䲟鱼 /

*Echeneis naucrates* Linnaeus, 1758

大洋性鱼种，通常单独活动于近海浅水处，也会吸附在大鱼或海龟等宿主身上以大鱼的残余食物、体外寄生虫为食，或者自行捕捉浅海的无脊椎动物。体棕黄色或黑色，体侧经常有1条暗色水平狭带，由下颌端经眼达尾鳍基底。头部顶端有由第1背鳍变形而成的吸盘，其鳍条由盘中央向两侧裂生成为鳍瓣有21～28个。

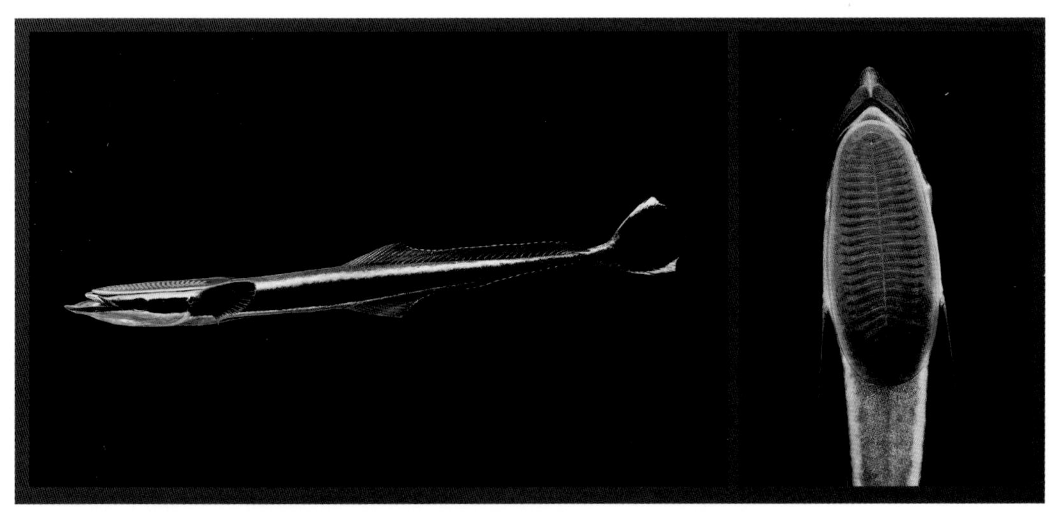

脊索动物门 | Chordata 辐鳍鱼纲 | Actinopterygii 鲈形目 | Perciformes 银鲈科 | Gerreidae

## / 缘边银鲈 /

*Gerres limbatus* Cuvier, 1830

栖息于河口水域及浅海沿岸。主要掘食在沙泥地中躲藏的底栖生物。体呈银白色，背部较暗。体侧具 4 条由背缘延伸至体中央的宽斑块，较不显。尾鳍淡黄色，具暗色缘；臀鳍淡橘色，后部稍暗；胸鳍淡黄，末缘淡色。

脊索动物门 | Chordata 辐鳍鱼纲 | Actinopterygii 鲈形目 | Perciformes 髭鲷科 | Hapalogenyidae

## / 横带髭（zī）鲷 /

*Hapalogenys analis* Richardson, 1845

栖息于近海沿岸的沙泥底礁区。肉食性，主要以底栖的甲壳类、鱼类及贝类等为食。体呈淡褐色，体侧具 6 条暗褐色横带。鳍软条部、尾鳍及臀鳍软条部黄色且具黑缘。

## / 黑鳍髭（zī）鲷 /

*Hapalogenys nigripinnis* (Temminck & Schlegel, 1843)

主要栖息于近海沿岸的沙泥底礁区。肉食性，主要以底栖的甲壳类、鱼类及贝类等为食。体呈淡褐色，体侧具 2 条暗褐色由背鳍基斜向后方的弧带，前方带可达尾柄下侧，后方带至尾鳍基部上侧。

脊索动物门　Chordata　辐鳍鱼纲　Actinopterygii　鳗鲡目　Anguilliformes　海鳗科　Muraenesocidae

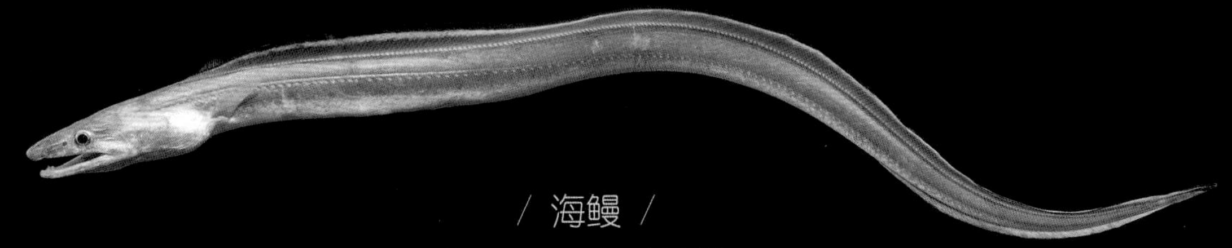

## / 海鳗 /

*Muraenesox cinereus* (Forsskål, 1775)

栖息于软质海区底部，有时进入淡水的环境。摄食小型底层鱼类与甲壳动物。体背及两侧银灰色，腹部乳白色。背鳍、臀鳍和尾鳍边缘黑色，胸鳍淡褐色。

脊索动物门　Chordata　辐鳍鱼纲　Actinopterygii　鳗鲡目　Anguilliformes　康吉鳗科　Congridae

## / 星康吉鳗 /

*Conger myriaster* (Brevoort, 1856)

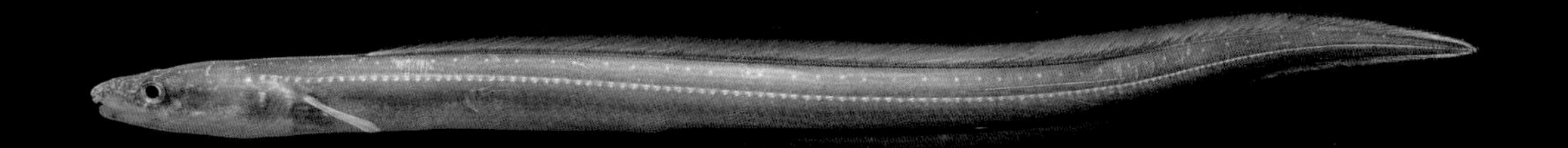

栖息于沙泥底海域。捕食小型鱼类及无脊椎动物。头部及身体呈暗色，两侧侧线孔与背鳍间各有1列白色斑点。

## / 尖尾鳗 /

*Uroconger lepturus* (Richardson, 1845)

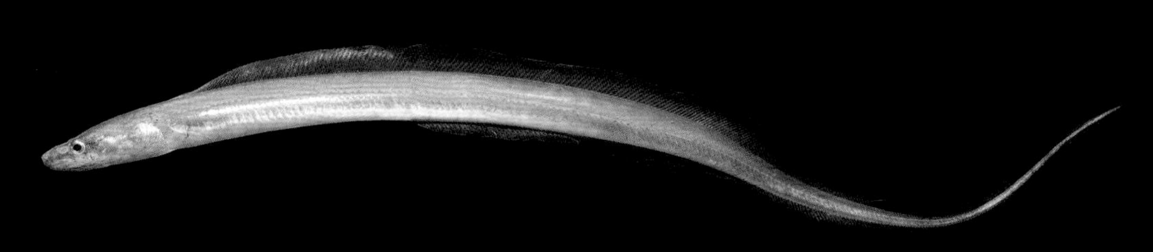

栖息于近海沿岸沙泥岸底海域。体侧上方灰褐色，腹部色淡，背、臀、尾鳍

## / 花斑裸胸鳝 /

*Gymnothorax pictus* (Ahl, 1789)

栖息于近海，肉食性，以甲壳类、鱼类等为食。成鱼体底色白，满布褐色的不定形斑点。

## / 黄边裸胸鳝 /

*Gymnothorax flavimarginatus* (Rüppell, 1830)

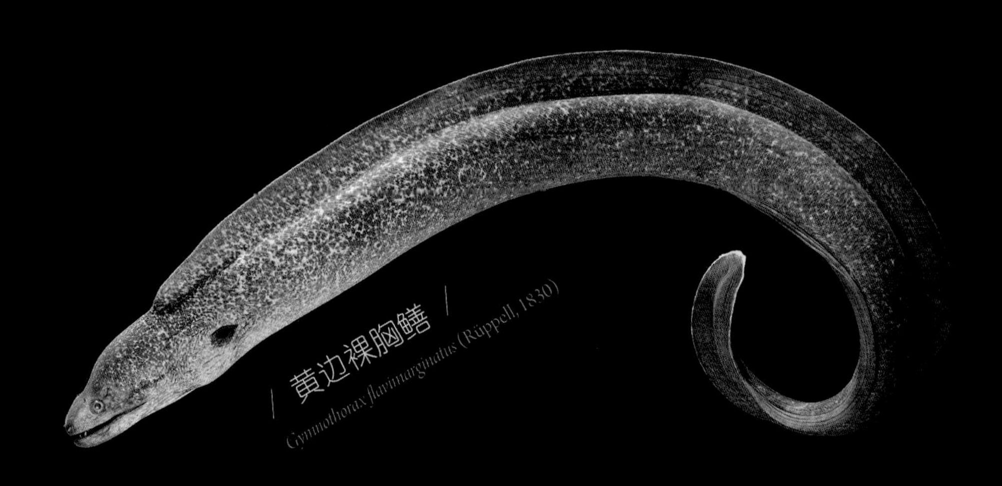

中小型个体常出现于潮间带中，较大型个体栖息在浅海域。肉食性，捕食鱼类或头足类为生。鱼体底色为黄褐色，体表密布暗褐色的圆形小斑点，尾部鳍条具有萤光黄绿色边缘，鳃孔为黑色，眼睛虹彩为黄褐色。

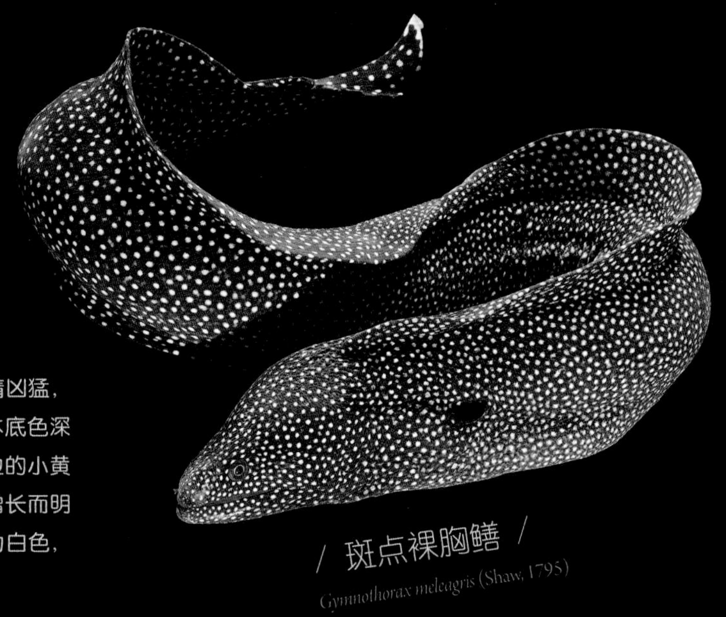

主要栖息于沿岸礁区。性情凶猛，以鱼类为主食，偶食甲壳类。体底色深棕略带紫色，其上满布深褐色边的小黄白圆点，圆点大小不会随个体增长而明显变大，但会增多。口内皮肤为白色，鳃孔为黑色，尾端为白色。

/ 斑点裸胸鳝 /

*Gymnothorax meleagris* (Shaw, 1795)

/ 雪花斑裸胸鳝 /

*Gymnothorax niphostigmus* Chen, Shao & Chen, 1996

栖息于水深较深的岩礁质海底，以底栖性鱼类为食。体呈暗褐色，全身具小白斑。头顶部具有许多彼此分离的小白斑点。在头部的后半段、躯干、尾部的前段和背鳍部位，小白斑分布的密度较高，聚成雪花状的斑块。臀鳍边缘明显呈白色。眼虹彩为黄色至褐色。

## / 密网纹裸胸鳝 /

*Gymnothorax pseudothyrsoideus* (Bleeker, 1853)

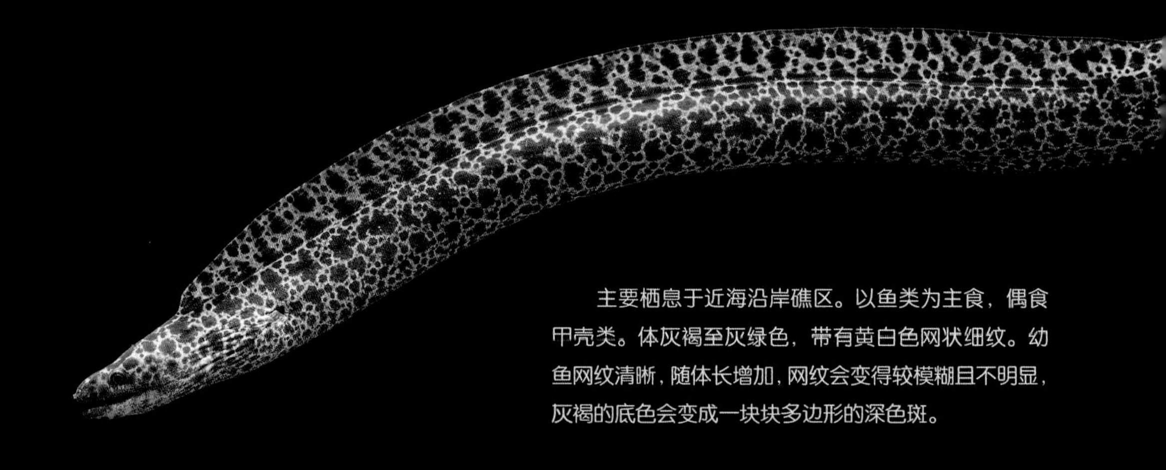

主要栖息于近海沿岸礁区。以鱼类为主食，偶食甲壳类。体灰褐至灰绿色，带有黄白色网状细纹。幼鱼网纹清晰，随体长增加，网纹会变得较模糊且不明显，灰褐的底色会变成一块块多边形的深色斑。

## / 匀斑裸胸鳝 /

*Gymnothorax reevesii* (Richardson, 1845)

主要栖息于沿岸礁石区。以鱼类为主食，偶食甲壳类。幼鱼体暗褐色、略带红紫，成鱼体色由黄褐色至红褐色。体侧有 2 ~ 4 列褐斑，背、臀鳍上各具 1 排梳状的褐斑，大斑点间有许多细小的褐斑点。前后鼻孔黄白色。

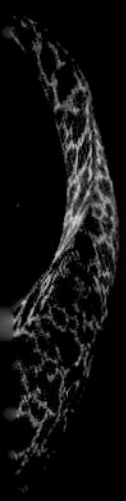

## / 波纹裸胸鳝 /

*Gymnothorax undulatus* (Lacepède, 1803)

主要栖息于近海沿岸礁区或礁沙混合区。以鱼类为主食，亦捕食甲壳类。体黑褐色，头部黄色，个头越大头部黄色越明显。身体满布白色波浪状的交错纹线，花纹延伸到背、臀及尾鳍部分。

## / 长尾弯牙海鳝 /

*Strophidon sathete* (Hamilton, 1822)

主要栖息于沿岸沙泥底水域或河口附近海域。性情凶猛，捕食小鱼与甲壳动物。鱼体极长。体色为褐色，体腹侧颜色较淡。背、臀、尾鳍边缘为黑色。

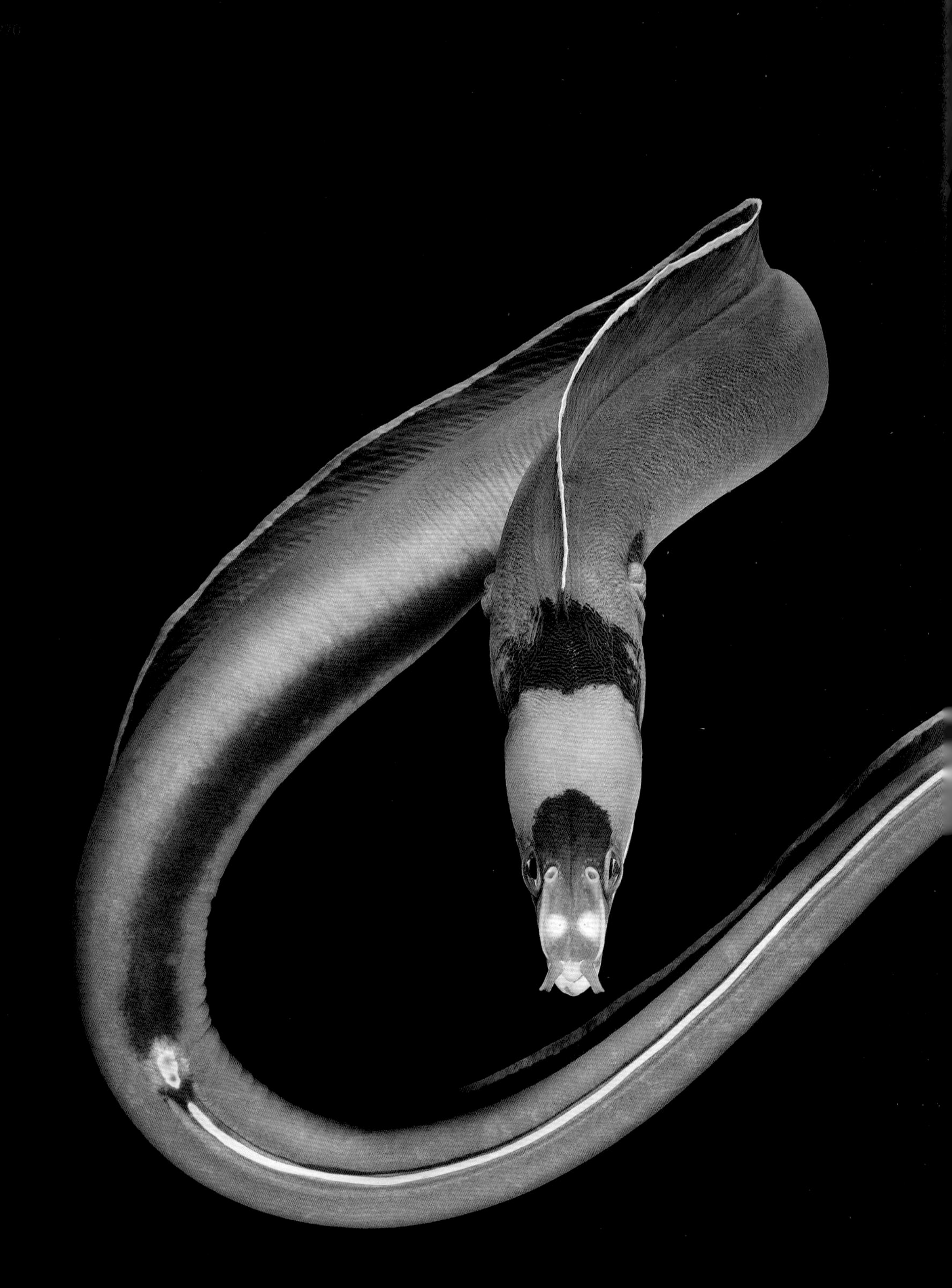

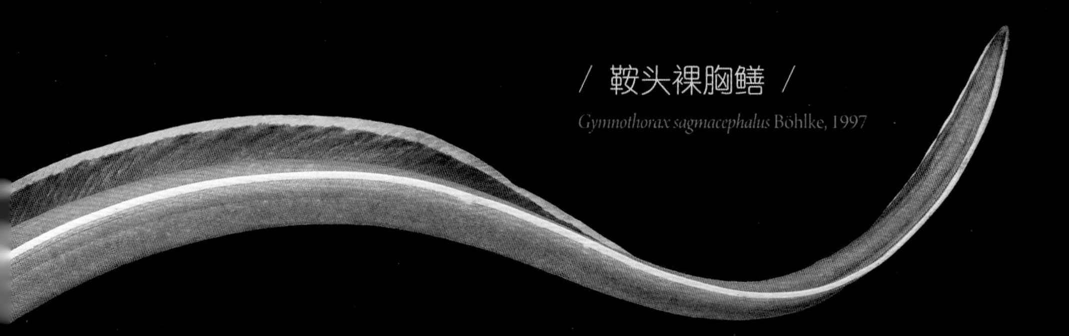

## / 鞍头裸胸鳝 /

*Gymnothorax sagmacephalus* Böhlke, 1997

栖息于浅海岩礁中。性情凶猛，以捕捉甲壳类及鱼类等为食。体黄褐色，头背部具暗色的鞍状斑。

## / 雪花蛇鳝 /

*Echidna nebulosa*（Ahl, 1789）

栖息于浅海岩礁中。性情凶猛，领域性强。以甲壳类及鱼类等为食。体色斑纹多有变异，但底色通常为白或黄色。前、后鼻管及眼虹彩均为鲜黄色，体侧有 2 列 23 ～ 27 个黑色的星状斑。吻部短且呈白色。

## / 小裸胸鳝 /

*Gymnothorax minor*（Temminck & Schlegel, 1846）

主要栖息于沙泥底质海域，肉食性。体淡灰棕色，全体有 15 ～ 22 环状纹，这些环纹在背部为棕色，在腹部较浓、为黑色，背部环纹间有不规则的小斑点。

## / 双色鳗鲡 /

*Anguilla bicolor* McClelland, 1844

降河性洄游鱼类，主要栖息于沿海溪流，常隐居于水底石头下方或深水塘中。肉食性鱼类，主要以小鱼、甲壳类及贝类为食。体侧背黄褐色，腹部白色。全身均无斑点。背鳍及臀鳍低平延伸至尾部，和尾鳍联结成一体。背鳍起点在肛门稍前方之上。

## / 日本鳗鲡 /

*Anguilla japonica* Temminck & Schlegel, 1846

为降河性洄游鱼类。平时栖息于江河、湖泊、水库和静水池塘的土穴、石缝里。摄食小鱼、田螺、蛭、蚬、沙蚕、虾、蟹、桡足类和水生昆虫等。体背暗绿褐色，腹部白色。背鳍和臀鳍后部边缘黑色，胸鳍淡白色。

## / 花鳗鲡 /

*Anguilla marmorata* Quoy & Gaimard, 1824

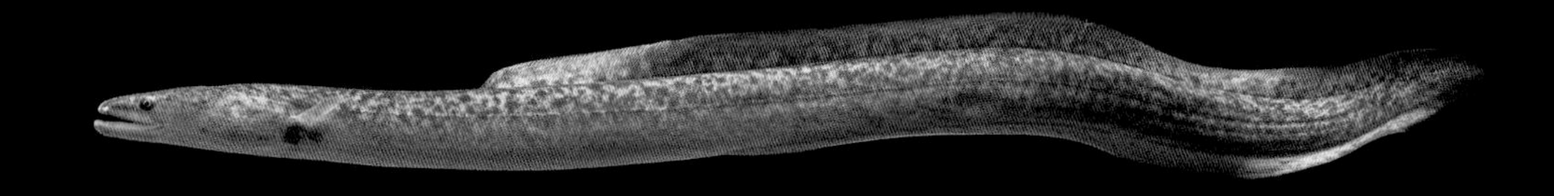

降河性洄游鱼类。生活于江河干、支流的上游，常栖息于山涧、溪流和水库的乱石洞穴中，多在夜间活动。性凶猛，摄食鱼类、虾类、蟹类、水生昆虫。头和体背侧灰褐色，腹面淡棕色。体侧及鳍上散具不规则云状花纹及大小均匀的灰黑色斑点。（二级国家重点保护野生动物）

## / 中华须鳗 /

*Cirrhimuraena chinensis* Kaup, 1856

栖息于泥沙底质低潮区，退潮时用尾尖钻入泥沙中。以甲壳类、软体动物为食。体黄褐色，下部较淡。头前部尖锐，后部为圆管状。吻部尖细，向前突出。无尾鳍，尾端尖突，胸鳍长而尖。

## / 食蟹豆齿鳗 /

*Pisodonophis cancrivorus* (Richardson, 1848)

多穴居于近岸沙泥底中，对淡水忍受力颇强，偶尔会上溯至河流下游觅食。体色多为灰褐至黄褐色之间，腹部为淡黄，背、臀鳍带有黑缘。背鳍起点在胸鳍中央上方或稍前，胸鳍灰黑或淡褐色。无尾鳍，尾端裸露尖硬。上唇缘具 2 个肉质突起，前鼻孔则呈短管状。

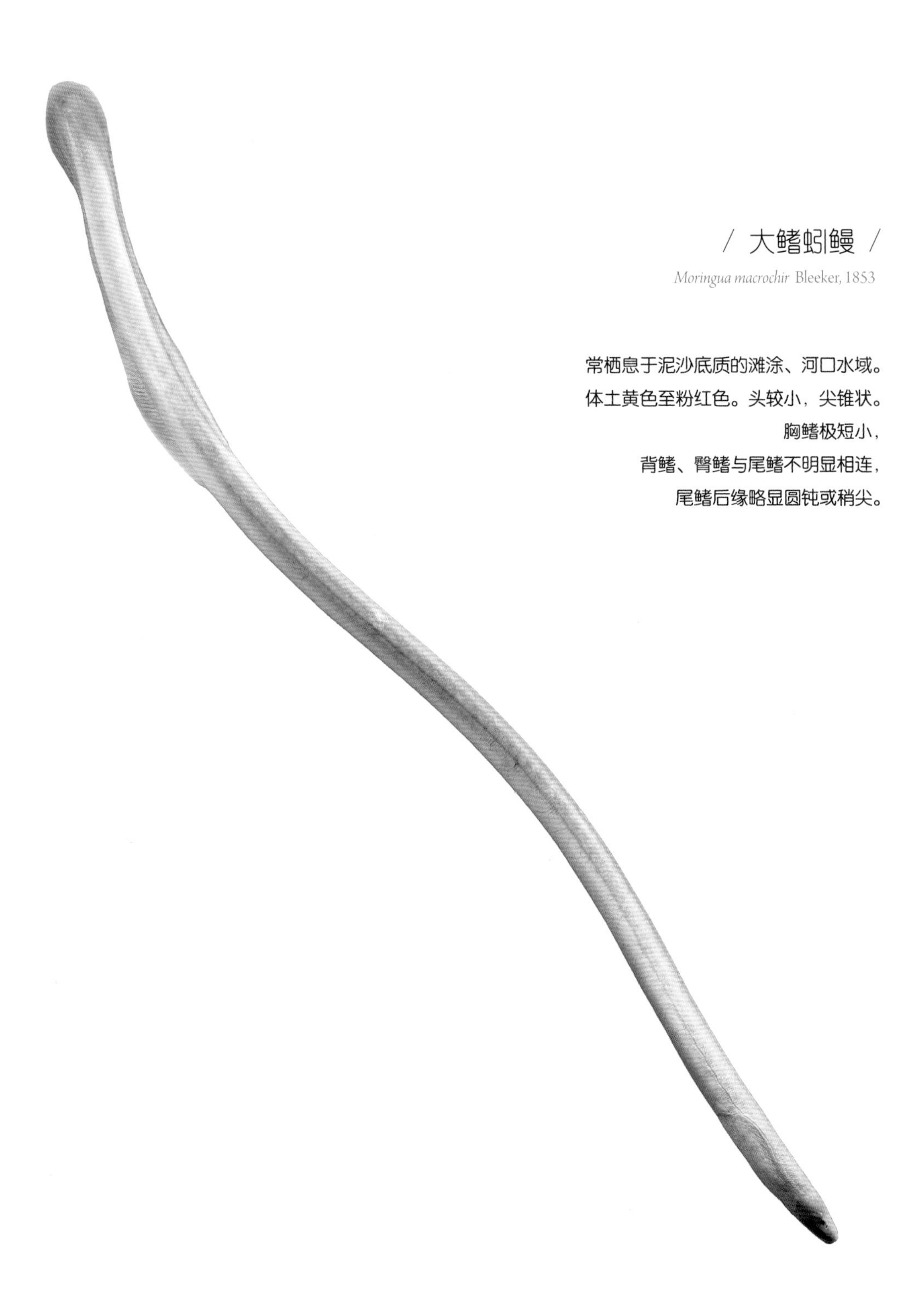

## / 大鳍蚓鳗 /

*Moringua macrochir* Bleeker, 1853

常栖息于泥沙底质的滩涂、河口水域。
体土黄色至粉红色。头较小，尖锥状。
胸鳍极短小，
背鳍、臀鳍与尾鳍不明显相连，
尾鳍后缘略显圆钝或稍尖。

脊索动物门 | Chordata
辐鳍鱼纲 | Actinopterygii
鲶形目 | Siluriformes
海鲶科 | Ariidae

## / 斑海鲶(nián) /

*Arius maculatus* (Thunberg, 1792)

栖息于沙泥质的海底，常会游至河口水域甚至江河下游觅食。主要以无脊椎动物及小鱼为食。体背呈蓝褐色，体侧灰白色，腹部淡白。各鳍略偏黄，脂鳍末端黑色。背、胸鳍硬棘前后缘皆具锯齿，且有毒腺。

脊索动物门 | Chordata
辐鳍鱼纲 | Actinopterygii
鲶形目 | Siluriformes
鳗鲶科 | Plotosidae

## / 线纹鳗鲶(nián) /

*Plotosus lineatus* (Thunberg, 1787)

栖息于近海沿岸及河口礁区。群集性鱼类，以小虾或小鱼为食。体背侧棕灰色，体侧中央有2条黄色纵带。背鳍及胸鳍之硬棘呈锯齿状并有毒腺。

脊索动物门 | Chordata
辐鳍鱼纲 | Actinopterygi
鲀形目 | Tetraodontiformes
单棘鲀科 | Monacanthidae

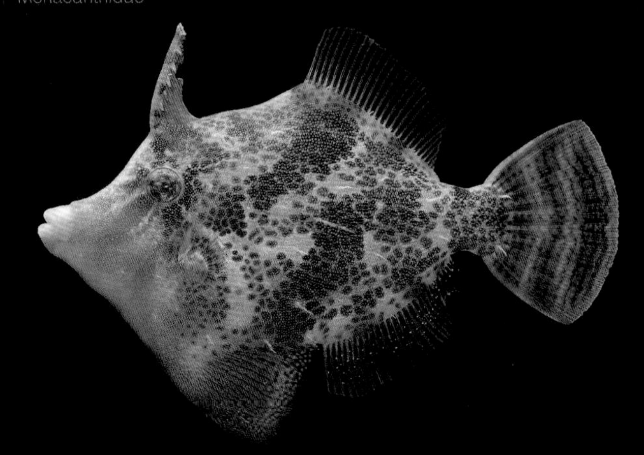

## / 中华单角鲀 /

*Monacanthus chinensis* (Osbeck, 1765)

主要栖息于沿岸、近海礁区或河口水域。以藻类、小型甲壳类及小鱼等为食。体色浅褐色，具深褐色斑点，褐色点构成大块横斑。腹鳍膜极大。第 1 背鳍棘强，位于眼中央上方。

## / 粗皮单棘鲀 /

*Rudarius ercodes* Jordan & Fowler, 1902

主要栖息于近海沿岸礁区或河口水域。以藻类、小型甲壳类及小鱼等为食。体黄褐色，有许多黑褐色网状纹。第 1 背鳍鳍膜前缘具 1 黑斑。第 2 背鳍及臀鳍基底上各有 2 个大黑斑。尾鳍上具 6 ～ 8 条横纹。

## / 丝背细鳞鲀 /

*Stephanolepis cirrhifer* (Temminck & Schlegel, 1850)

栖息于近海底层。肉食性鱼类，主要以小型甲壳类、贝类及海胆等为食。体灰色或灰绿色，具许多近平行的细黑纹，夹杂许多小黑点。背鳍、臀鳍灰褐色。雄鱼背鳍第 1 鳍条延长成丝状。

脊索动物门　Chordata
辐鳍鱼纲　Actinopterygii
鲀形目　Tetraodontiformes
鲀科　Tetraodontidae

## / 纹腹叉鼻鲀 /

*Arothron hispidus* (Linnaeus, 1758)

栖息于近海礁区，亦有被发现于河口。主要以小型腹足类和鱼类等为食。体通常绿褐色，背、头与体侧具大小不一的白圆斑，喉部圆斑大，尾柄圆斑小。腹部底具许多近平行的深褐色细纹，背鳍基与胸鳍基黑色。

脊索动物门 | Chordata
辐鳍鱼纲 | Actinopterygii
鲀形目 Tetraodontiformes
鲀科 Tetraodontidae

## / 无斑叉鼻鲀 /

*Arothron immaculatus* (Bloch & Schneider, 1801)

栖息于近海底层，主要以小型腹足类和鱼类等为食。体背和侧部灰褐色，腹部渐浅灰色。鳃孔和胸鳍基底周围黑色，背鳍基部黑色。胸鳍、背鳍和臀鳍淡色，尾鳍上下缘和后缘黑色、中间部分黄色。

## / 星斑叉鼻鲀 /

*Arothron stellatus* (Bloch & Schneider, 1801)

主要栖息于近海沿岸沙泥底礁区，亦被发现于河口水域。主要以海藻及底栖无脊椎动物为食。背部浅褐色或灰褐色，腹部色淡。头部、背部与体侧具密布的黑色小点，背、臀及尾鳍具黑点，胸鳍基上下方各有1个黑斑。

## / 棕斑兔头鲀 /

*Lagocephalus spadiceus* (Richardson, 1845)

栖息于近海底层，主要摄食软体动物、甲壳类和鱼类等。体背侧面棕黄色或黄绿色，腹面乳白色。常有不规则暗褐色云状斑纹，有时不明显。胸鳍和背鳍均棕黄色。臀鳍白色。尾鳍棕黄色，上叶尖端和下缘窄边白色。

## / 铅点多纪鲀 /

*Takifugu alboplumbeus* (Richardson, 1845)

栖息于近海及河口附近水域底层。主要以小型鱼类、甲壳类、底栖贝类为食。体背部黄褐色，有许多大小不等的淡绿色斑点形成网纹状。眼间隔、项部、胸鳍后上方体上、背鳍前方和基部及尾柄上各有 1 条深褐色横带。体侧下方有 1 条黄色纵带，腹面白色。背鳍基底下黑斑不明显。

## / 双斑东方鲀 /

*Takifugu bimaculatus* (Richardson, 1845)

为近海底层中小型鱼类，常出现于河口水域。主要以软体动物、甲壳类、棘皮动物及鱼类等为食。体背部为浅褐色，腹部乳白色。体侧颈部至尾柄上具多条蓝黑色斜行圆弧形横纹；胸鳍后上方具1个黑色大斑，胸鳍基底内外侧各具蓝黑色圆斑，背鳍基部另具蓝黑斑块，周围另具同心圆形之条纹。各鳍橘黄色，胸鳍则为浅黄褐色。

## / 横纹多纪鲀 /

*Takifugu oblongus* (Bloch, 1786)

栖息于近海底层，有时发现于河口水域。肉食性，主要以软体动物、甲壳类、棘皮动物及鱼类等为食。体背部为黄褐色，腹面乳白色。体背具许多白色小圆点，体侧具十余条白色鞍状斑。

## / 弓斑多纪鲀 /

*Takifugu ocellatus* (Linnaeus, 1758)

栖息于近海底层，可进入河口水域及河流下游。主要以软体动物、甲壳类、棘皮动物及鱼类等为食。体背部为黄绿色，腹面乳白色；胸鳍上方具1个带橙黄缘的黑色鞍状斑；背鳍基部另具黑斑块。各鳍浅黄色。

## / 黄鳍东方鲀 /

*Takifugu xanthopterus* (Temminck & Schlegel, 1850)

栖息于近海底层，常游入河口水域。主要以软体动物、甲壳类、棘皮动物及鱼类等为食。体背面浅青灰色，有多条深蓝色斜行宽带，宽带有时断裂成斑带状。背鳍基底有1个椭圆形蓝黑色大斑。胸鳍基底内外侧各具1个蓝黑色圆斑。体侧下缘纵行皮褶幼鱼时呈黄色，成鱼时为乳白色。腹面乳白色。各鳍明橘黄色。

## / 角箱鲀 /

*Lactoria cornuta* (Linnaeus, 1758)

主要栖息于礁石附近的藻丛区，幼鱼则常出现于河口水域。主要以底栖无脊椎动物为食。体黄褐色，腹面色较浅。体长方形，被覆由鳞片愈合而成的骨板，形成盾甲包住全身。眼眶前方具1对前向长棘，随成长而相对变短，且向下弯。腹侧棱后方则具1对后向长棘。体甲及尾柄上散布一些褐色圆斑。除尾鳍淡褐色外，各鳍黄褐色。尾鳍长，后缘圆形。

## / 鳄蛇鲻 /

(鲻 zī)

*Saurida wanieso* Shindo & Yamada, 1972

栖息于沙底质的浅海中，为肉食性鱼类。体背侧呈暗褐色，腹侧较淡。体亚圆筒形。有脂眼睑，具脂鳍，尾鳍叉形。胸鳍后端延伸至腹鳍起点上方。

## / 大头狗母鱼 /

*Trachinocephalus myops* (Forster, 1801)

栖息于浅海海湾底层，摄食鱼类、头足类、口足类。头背部有红色的网状花纹，体背部中央有1行灰色花纹，沿体侧有13条灰色纵纹和3条黄色细纹相间排列。背鳍基部有1条黄色纵纹，腹鳍上有1条斜走的黄纹。臀鳍与胸鳍白色，尾鳍微呈黄绿色。

## / 日本鬼鲉(yóu) /

*Inimicus japonicus* (Cuvier, 1829)

主要栖息于沿岸沙泥或石砾底质的海域。具伪装能力，时常埋藏身体而不容易被发现，快速捕捉过往小鱼与甲壳动物为食。背鳍鳍棘下具毒腺。体深褐色以至于紫红色，变异很大，各鳍有白点或白线，胸鳍内面有褐色斑点或条纹，或有黑色斑点或斑块。头上与头侧有凹陷和突起，颅骨均被皮膜所盖。

## / 单指虎鲉 /

yóu

*Minous monodactylus* (Bloch & Schneider, 1801)

栖息于沙泥底近海沿岸，可以利用胸鳍的游离鳍在海底爬行。具伪装能力，捕食小鱼及甲壳动物。背鳍鳍棘下具毒腺。体暗红色，腹部白色。背侧有不规则褐色斑点与条纹，体中央具 2 条褐色纵纹，背鳍有 1 个大黑斑，尾鳍有 2 ~ 3 暗色横带。眼后顶骨部有 1 个横行凹沟。

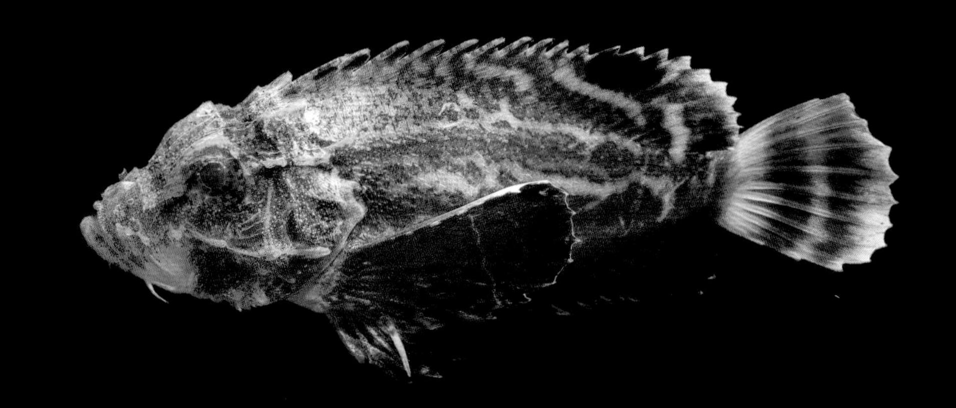

脊索动物门 | Chordata 辐鳍鱼纲 | Actinopterygii 鲉形目 | Scorpaeniformes 六线鱼科 | Hexagrammidae

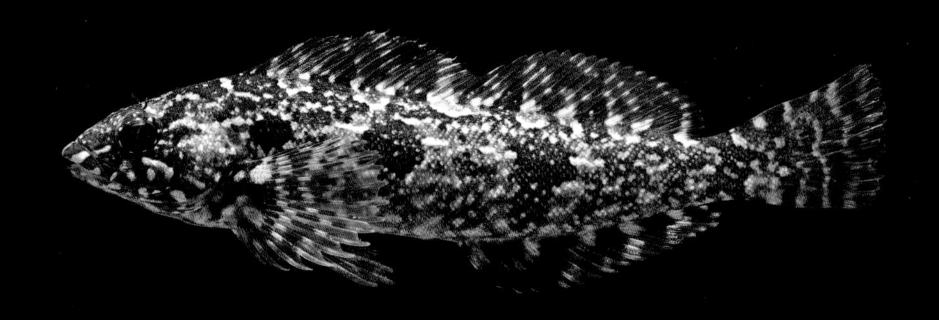

## / 斑头六线鱼 /

*Hexagrammos agrammus* (Temminck & Schlegel, 1843)

栖息于近海底层。体紫褐色，体侧在胸鳍上方具1个深褐色圆斑，背侧具不规则的云状斑纹。背鳍、臀鳍、胸鳍、腹鳍和尾鳍具斑点和斑纹。

脊索动物门 | Chordata 辐鳍鱼纲 | Actinopterygii 鲉形目 | Scorpaeniformes 鲉科 | Scorpaenidae

## / 红鳍拟鳞鲉 /

yóu

*Paracentropogon rubripinnis* (Temminck et Schlegel, 1843)

栖息于近海泥沙底。具伪装能力，捕捉过往的小鱼与甲壳动物为食。体褐红色，背鳍第 5 ~ 8 鳍的鳍棘膜上具1个大圆暗斑。

## / 小口鲉 /

yóu

*Scorpaena miostoma* Gunther, 1877

栖息于较浅的珊瑚礁、砾石区、岩礁或沙石混合区水域。肉食性，主要是以小鱼与甲壳动物为食。体红色，各鳍具红褐色云纹斑。口稍小，向后不伸达眼后缘下方。背鳍、臀鳍和腹鳍鳍棘基部有毒腺。

## / 褐菖鲉 /

yóu

*Sebastiscus marmoratus* (Cuvier, 1829)

栖息于较浅的珊瑚礁、砾石区、岩礁或沙石混合区水域。肉食性，主要是以小型鱼类为食。体褐色或褐红色，体侧背鳍基部处上通常具 5 个白斑，侧线下方散布云纹斑纹。各鳍部褐红色，鳍条散布白色斑点。棘基部具毒腺。

## / 棱须蓑鲉（yóu） /

*Apistus carinatus* (Bloch & Schneider, 1801)

栖息于近海沙泥质海底。捕食时会利用下颌敏感的触须来寻找猎物，主要以甲壳类动物为食。背鳍鳍棘下具毒腺。体侧上部橘红色，下部色较淡。背鳍硬棘部具1个黑斑。胸鳍背面黄色，周缘白色。下颌有3条长须。胸鳍尖长，下方具1个游离鳍。

yǒng
## / 鳄鲬 /

*Cociella crocodilus* (Cuvier, 1829)

栖息于沿海沙泥底水域。肉食性，以底栖性鱼类或无脊椎动物为食。体褐紫色，具斑纹和斑点。虹膜金黄色。眼下方具较大褐斑。背部具有 5 条明显的鞍状斑。

yǒng
## / 鲬 /

*Platycephalus* sp.

栖息于底质为沙泥的海底。摄食虾类、小鱼及其他无脊椎动物。体背褐色，分布着不规则的黑褐色小斑点。

## / 棘绿鳍鱼 /

*Chelidonichthys spinosus* (McClelland, 1844)

栖息于近海沙泥底水域，摄食虾贝等。体背侧面红色，腹部白色。胸鳍内侧绿色，下部有1个大型青黑色斑块，其周围有多数淡蓝色斑点，外缘淡蓝色。头背面及侧面全被骨板，颊部具强棱，吻突较圆短。

## zī
## / 鲻 /

*Mugil cephalus* Linnaeus, 1758

栖息于沿岸沙泥底质水域。幼鱼时期喜欢在河口生活，随着成长而游向外洋。以浮游动物、底栖生物及有机碎屑为食。体青灰色，腹部白色。胸鳍基部具1个青色斑块。脂眼睑甚发达，遮盖瞳孔仅留椭圆形的眼孔。

## suō
## / 前鳞鲹 /

*Liza affinis* (Günther, 1861)

栖息于沿岸沙泥底水域，也可进入江河段下游。摄食底栖藻类、有机碎屑和部分浮游动物。体背青灰色，腹部白色。胸鳍基部不具斑块，眼睑上方橘红色。

suō

## / 鲅 /

*Liza haematocheila* (Temminck & Schlegel, 1845)

多栖息于浅海或河口水域，也可在淡水江河中生活。以藻类及有机碎屑为食，也可摄食浮游动物和小型贝壳类。体青灰色，腹部白色。各鳍均呈淡橘色。脂眼睑甚发达。

脊索动物门 | Chordata 辐鳍鱼纲 | Actinopterygii 豹鲂鮄目 | Dactylopteriformes 豹鲂科 | Dactylopteridae

fáng fú

## / 东方豹鲂鮄 /

*Dactyloptena orientalis* (Cuvier, 1829)

栖息于近海底层，利用特化的腹鳍在海床上行走，捕食虾类等。胸鳍展开为半圆形，与身体一样布满深色圆斑。

# 后记 POSTSCRIPT

得益于家乡的地理优势，喜欢海洋生物的我，从小就对逛市场、赶海、出海都不陌生。市场上的水产对我来说是一个个谜题，别人只想着怎么吃，而我还想知道它们的来历；每个月大潮的那几天，我都雷打不动地去赶海，只要能采集到从未见过的生物即便通宵也值得；坐船出海的时候，灯光照亮海面，一群群鱼从船边游过，是我记忆深刻的生物盛宴。记得有一次家里煮了一盘虾蛄，我习惯性地边吃边看，发现那一盘里居然有五六种虾蛄。于是问了摊位第二天早早就守候在旁，买了小半筐虾蛄回来，整理拍照记录，新增了好几种虾蛄影像。就这样，用类似的土办法，虾、蟹、鱼、贝……我拍摄的海洋生物照片越来越多。

作为半路出家的水生动物摄影爱好者，在海峡书局的大力支持下，有幸将自己拍摄的海洋物种整理成册出版。这本书是我的学习笔记，记录着我对那些神奇的海洋生物从陌生到熟悉的过程。在翻阅查找资料以及鉴定物种的过程中，特别感谢刘攀、刘毅、张旭、李昂、王浩展、郭翔等好友的大力相助，他们丰富的专业知识让我获益匪浅，所推荐的海洋生物学方面的专著也让我大开眼界。那些久仰大名的专家学者们的著作，让我更了解海洋，也更热爱海洋。由于学习能力有限，本书内容难免存在错误，欢迎大家批评指正。也希望通过这本书能跟更多喜欢海洋生物的朋友交流分享，一起关注海洋生物多样性。